Gilg • Rothmeier

Formelsammlung

MATHEMATIK · PHYSIK · CHEMIE

C.C. Buchner

Formelsammlung

MATHEMATIK · PHYSIK · CHEMIE

Bearbeitet von Andreas Gilg und Dr. Günter Rothmeier
unter Beratung von Wolfgang Reusch

Dieses Werk folgt der reformierten Rechtschreibung und Zeichensetzung.
Ausnahmen bilden Texte, bei denen künstlerische, philologische oder lizenzrechtliche Gründe einer Änderung entgegenstehen.

2. Auflage, 7. Druck 2016
Die letzte Zahl bedeutet das Jahr des Druckes.
Alle Drucke dieser Auflage sind, weil unverändert, nebeneinander benutzbar.

www.ccbuchner.de

Grafik und Satz: ARTBOX Grafik und Satz GmbH, Bremen
Druck und Bindung: Pustet, Regensburg
Redaktion: Georg Vollmer

ISBN 978-3-7661-**6002**-7

Inhaltsverzeichnis

Griechisches Alphabet

Α	Β	Γ	∅	Ε	Ζ
α	β	γ	δ	ε	ζ
alpha	beta	gamma	delta	epsilon	zeta
Η	Θ	Ι	Κ	Λ	Μ
η	θ	ι	κ	λ	∝
eta	theta	jota	kappa	lambda	my
Ν	Ξ	Ο	Π	Ρ	Σ
ν	ξ	σ	π	ρ	σ
ny	xi	omikron	pi	rho	sigma
Τ	Υ	Φ	Χ	Ψ	
τ	υ	φ	χ	ψ	ω
tau	ypsilon	phi	chi	psi	omega

Mathematische Zeichen und Abkürzungen

$\mathbb{N}$ ($\mathbb{N}_0$)	Menge der natürlichen Zahlen (einschließlich 0)
$\mathbb{Z}$	Menge der ganzen Zahlen
$\mathbb{Q}$	Menge der rationalen Zahlen
$\mathbb{R}$	Menge der reellen Zahlen
$\emptyset$	leere Menge
$\mathbb{G}$	Grundmenge
$\mathbb{D}$	Definitionsmenge
$\mathbb{L}$	Lösungsmenge
$\mathbb{W}$	Wertemenge
$\mathbb{V}_n$	Menge der Vielfachen der Zahl n
$\mathbb{T}_n$	Menge der Teiler der Zahl n
$\mathbb{P}$	Menge der Primzahlen
$\{a; b; c\}$	aufzählende Form der Mengendarstellung: „Menge mit den Elementen a, b und c“
$\{x \mid ...\}$	beschreibende Form der Mengendarstellung: „Menge aller x (aus der vereinbarten Grundmenge), für die gilt ...“
$[x_1; x_2]$	abgeschlossenes Intervall
$[x_1; x_2[$	rechts offenes Intervall
$]x_1; x_2]$	links offenes Intervall
$]x_1; x_2[$	offenes Intervall
$\lvert a \rvert$	(absoluter) Betrag von a
$(3 \mid 4)$	geordnetes Zahlenpaar
$M_1 \setminus M_2$	Restmenge: „M_1 ohne M_2“
$M_1 \times M_2$	Produktmenge: „M_1 kreuz M_2“
$T(x)$	Term mit der Variablen x
R; f	Relation; Funktion
$f(x)$	Funktionsterm mit der Variablen x
R^{-1}; f^{-1}	Umkehrrelation; Umkehrfunktion
$\frac{a}{b}$	Bruch mit Zähler a und Nenner b
%	Prozent; von hundert
$\Leftrightarrow$	äquivalent; genau dann, wenn
$\Rightarrow$	daraus folgt; wenn ..., dann
$=$	gleich
$\neq$	ungleich; nicht gleich
$>$	größer als
$\geqq$	größer oder gleich
$<$	kleiner als
$\leqq$	kleiner oder gleich
$\approx$	ungefähr gleich

$\sim$	direkt proportional
$\cong$	kongruent zu
$\widehat{=}$	entspricht
$\in$	Element von
$\notin$	nicht Element von
$\subset$	echte Teilmenge von
$\subseteq$	Teilmenge von
$\not\subset$	nicht Teilmenge von
$\cap$	geschnitten mit
$\wedge$	und zugleich
$\cup$	vereinigt mit
$\vee$	oder auch
$\setminus$	ohne
$a \mid b$	a ist Teiler von b.
$a \nmid b$	a ist nicht Teiler von b.
a^k	Potenzschreibweise: „a hoch k“
$\sqrt{a}$	Quadratwurzel aus a
$\sqrt[n]{a}$	n-te Wurzel aus a
$\log_a x$	Logarithmus von x zur Basis a
$\lg x$	dekadischer Logarithmus von x
P, A, B, ...	Punkte
$P\,(x \mid y)$	Punkt P mit den kartesischen Koordinaten x und y
$P\,(r \mid \alpha)$	Punkt P mit den Polarkoordinaten r und α
$O\,(0 \mid 0)$	Koordinatenursprung
g, h, ...	Geraden
PQ	Gerade durch P und Q
[PQ	Halbgerade durch Q mit dem Anfangspunkt P
[PQ]	Strecke mit den Endpunkten P und Q
$\overline{PQ}$	Länge der Strecke [PQ]
k (M; r)	Kreislinie mit dem Mittelpunkt M und dem Radius r
$\sphericalangle$ BAC	Winkel BAC mit Scheitel A und Schenkeln [AB und [AC, auch Maß des Winkels
$\alpha, \beta, \gamma, \ldots$	Maße von Winkeln
$\perp$	senkrecht auf; orthogonal zu
$\parallel$	parallel zu
d (P; g)	Abstand des Punktes P von der Geraden g
d (g; h)	Abstand der parallelen Geraden g und h
$\widehat{AB}$	positiv orientierter Kreisbogen von A zu B, auch Länge des Bogens
$\mathbb{E}$ (ABC)	Ebene, die von den Punkten A, B und C aufgespannt wird

Mathematische Zeichen und Abkürzungen

$m_{[AB]}$	Mittelsenkrechte zu [AB]
w_α	Winkelhalbierende zum Winkel α
$w_{I/III}$; $w_{II/IV}$	Winkelhalbierende des I. und III. bzw. II. und IV. Quadranten
u	Umfang
A	Flächeninhalt
V	Rauminhalt; Volumen
O	Oberfläche
LE; FE; VE	Längeneinheit; Flächeneinheit; Volumeneinheit
sin	Sinus
cos	Kosinus
tan	Tangens
$\overrightarrow{PQ}$	Pfeil von P (Fuß) nach Q (Spitze); Vektor, dessen Vertreter der Pfeil $\overrightarrow{PQ}$ ist
$\begin{pmatrix} a \\ b \end{pmatrix}$	Vektor mit den Koordinaten a und b in Spaltenschreibweise
$\vec{a}$	Vektor
$\vec{a}^*$	Gegenvektor zum Vektor $\vec{a}$
$\lvert\vec{a}\rvert$	Betrag (Länge) des Vektors $\vec{a}$
$k \cdot \vec{a}$	Produkt des Vektor $\vec{a}$ mit dem Skalar k (S-Multiplikation)
$\vec{a} \oplus \vec{b}$	Summe der Vektoren $\vec{a}$ und $\vec{b}$
$\vec{a} \odot \vec{b}$	skalares Produkt der Vektoren $\vec{a}$ und $\vec{b}$
$\begin{pmatrix} a & b \\ c & d \end{pmatrix}$	Matrix
$\begin{vmatrix} a & b \\ c & d \end{vmatrix}$	zweireihige Determinante
$\begin{pmatrix} a & b \\ c & d \end{pmatrix} \odot \begin{pmatrix} e \\ f \end{pmatrix}$	Produkt aus Matrix und Vektor
$\xmapsto{a}$	Spiegelung an der Geraden a
$\xmapsto{\vec{v}}$	Verschiebung mit dem Vektor $\vec{v}$
$\xmapsto{Z}$	Punktspiegelung an Z
$\xmapsto{Z;\,\alpha}$	Drehung um Z mit dem Drehwinkel α
$\xmapsto{Z;\,k}$	zentrische Streckung mit dem Zentrum Z und dem Streckungsfaktor k
$\xmapsto{a;\,k}$	orthogonale Achsenaffinität an der Achse a und dem Streckungsfaktor k
$\overline{x}$	arithmetisches Mittel
z	Median (Zentralwert)
m	Modalwert
R	Spannweite
V	Varianz
s	Standardabweichung
Ω	Ergebnisraum
P	Wahrscheinlichkeit

Menge

$M = \{x | x \in M\}$

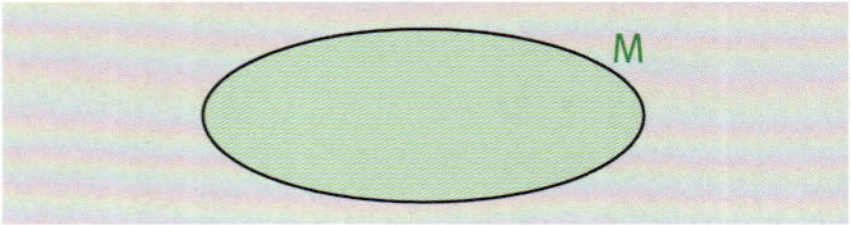

Teilmenge

$M_1 \subset M \qquad M_1 = \{x | x \in M_1 \wedge x \in M\}$

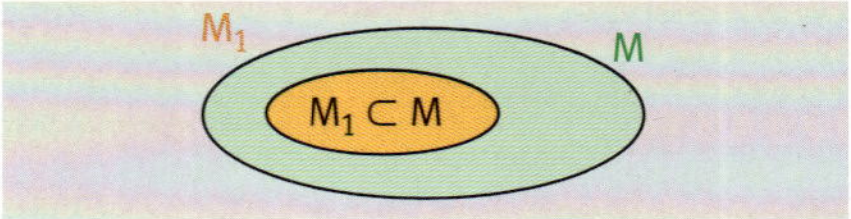

Restmenge

$M_2 \setminus M_1 = \{x | x \in M_2 \wedge x \notin M_1\}$

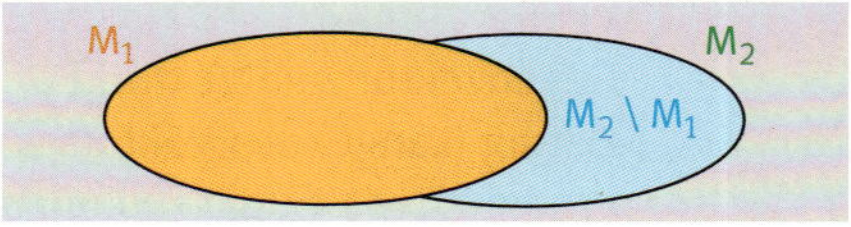

Schnittmenge

$M_1 \cap M_2 = \{x | x \in M_1 \wedge x \in M_2\}$

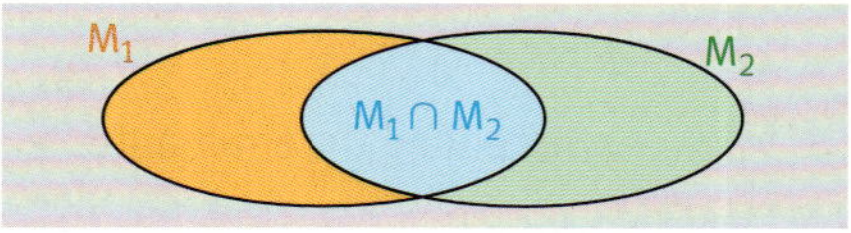

Vereinigungsmenge

$M_1 \cup M_2 = \{x | x \in M_1 \vee x \in M_2\}$

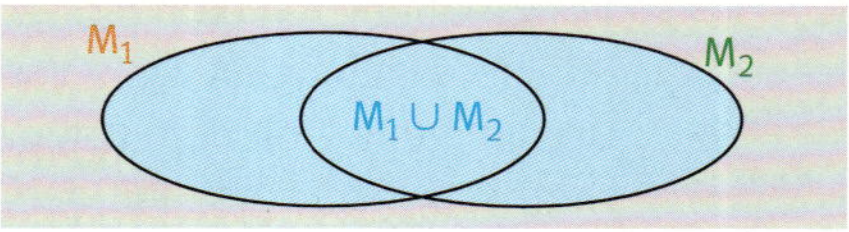

Produktmenge

$M_1 \times M_2 = \{(x|y) | x \in M_1 \wedge y \in M_2\}$

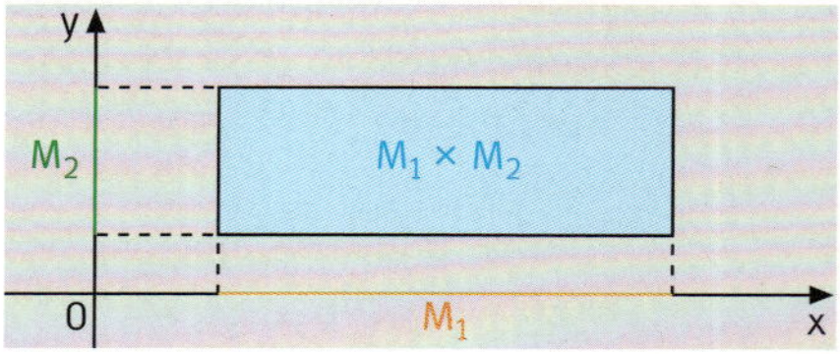

Natürliche Zahlen

$\mathbb{N}$ Menge der natürlichen Zahlen

$\mathbb{N}_0$ Menge der natürlichen Zahlen einschließlich null

$\mathbb{N} = \{1; 2; 3; 4; ...\}$

$\mathbb{N}_0 = \{0; 1; 2; 3; 4; ...\}$

Primzahlen

Eine natürliche Zahl, die genau zwei voneinander verschiedene Teiler hat (nämlich 1 und sich selbst), nennt man Primzahl. Die Menge aller Primzahlen bezeichnet man mit $\mathbb{P}$.

$\mathbb{P} = \{2; 3; 5; 7; 11; ...\}$

Ganze Zahlen

$\mathbb{Z}$ Menge der ganzen Zahlen

$\mathbb{Z}^+$ Menge der positiven ganzen Zahlen

$\mathbb{Z}^-$ Menge der negativen ganzen Zahlen

$\mathbb{Z} = \{0; 1; -1; 2; -2; 3; -3; ...\}$

$\mathbb{Z}^+ = \mathbb{N} = \{1; 2; 3; 4; ...\}$

$\mathbb{Z}^- = \{-1; -2; -3; -4; ...\}$

$$\underbrace{\mathbb{Z}^- \qquad 0 \qquad \mathbb{Z}^+ = \mathbb{N}}_{\mathbb{Z}}$$

Rationale Zahlen

$\mathbb{Q}$ Menge der rationalen Zahlen

$\mathbb{Q} = \{\frac{a}{b} \mid a \in \mathbb{Z} \wedge b \in \mathbb{Z} \setminus \{0\}\}$

$$\underbrace{\mathbb{Z} \qquad \text{Brüche, die nicht als ganze Zahlen darstellbar sind}}_{\mathbb{Q}}$$

$\mathbb{Q}^+$ Menge der positiven rationalen Zahlen

$\mathbb{Q}^+ = \{q \in \mathbb{Q} \mid q > 0\}$

$\mathbb{Q}_0^+$ Menge der nichtnegativen rationalen Zahlen

$\mathbb{Q}_0^+ = \{q \in \mathbb{Q} \mid q \geqq 0\}$

$\mathbb{Q}^-$ Menge der negativen rationalen Zahlen

$\mathbb{Q}^- = \{q \in \mathbb{Q} \mid q < 0\}$

Reelle Zahlen

$\mathbb{R}$ Menge der reellen Zahlen

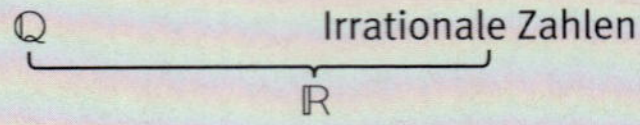

$\mathbb{R}^+$ Menge der positiven reellen Zahlen

$$\mathbb{R}^+ = \{r \in \mathbb{R} \mid r > 0\}$$

$\mathbb{R}_0^+$ Menge der nichtnegativen reellen Zahlen

$$\mathbb{R}_0^+ = \{r \in \mathbb{R} \mid r \geqq 0\}$$

$\mathbb{R}^-$ Menge der negativen reellen Zahlen

$$\mathbb{R}^- = \{r \in \mathbb{R} \mid r < 0\}$$

Anordnung und Zahlengerade

Für alle reellen Zahlen gilt: Der Punkt einer Zahl a liegt auf der Zahlengeraden genau dann links vom Punkt der Zahl b, wenn gilt: $a < b$.

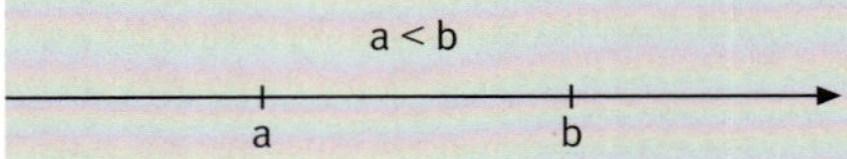

Teilmengenbeziehungen

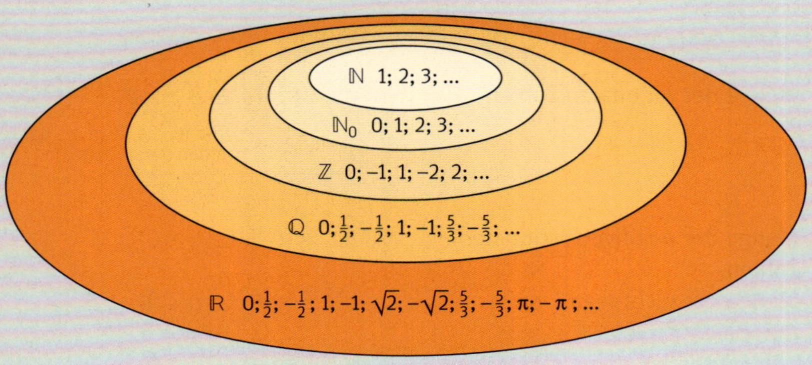

$$\mathbb{N} \subset \mathbb{N}_0 \subset \mathbb{Z} \subset \mathbb{Q} \subset \mathbb{R}$$

Intervalle

Abgeschlossenes Intervall	$[a; b] = \{x \in \mathbb{R} \mid a \leqq x \leqq b\}$
Offenes Intervall	$]a; b[= \{x \in \mathbb{R} \mid a < x < b\}$
Linksoffenes Intervall	$]a; b] = \{x \in \mathbb{R} \mid a < x \leqq b\}$
Rechtsoffenes Intervall	$[a; b[= \{x \in \mathbb{R} \mid a \leqq x < b\}$

Zahl und Gegenzahl

Zu jeder Zahl a gibt es eine Gegenzahl –a. Die Zahl –a ist Gegenzahl zur Zahl a und umgekehrt.

$$a + (-a) = 0$$
$$a = -(-a)$$

Absoluter Betrag

Für den Betrag |a| einer reellen Zahl a gilt:

$$|a| = \begin{cases} +a & \text{für } a > 0 \\ 0 & \text{für } a = 0 \\ -a & \text{für } a < 0 \end{cases}$$

Bezeichnungen

Addition Summe: $a + b$	a 1. Summand	$+$	b 2. Summand	$=$	c Summenwert
Subtraktion Differenz: $a - b$	a Minuend	$-$	b Subtrahend	$=$	c Differenzwert
Multiplikation Produkt: $a \cdot b$	a 1. Faktor	$\cdot$	b 2. Faktor	$=$	c Produktwert
Division Quotient: $a : b$	a Dividend	$:$	b Divisor	$=$	c Quotientenwert

Die Zahl Null

Multiplikation

$a \cdot 0 = 0 \cdot a = 0$

$a \cdot b = 0 \Rightarrow a = 0 \vee b = 0$

Division

Die Division durch null ist nicht definiert.

$0 : a = 0$

$\frac{a}{b} \qquad b \neq 0$

Alle im Folgenden auftretenden Nenner sind ungleich null.

Addition

Kommutativgesetz	$a + b = b + a$
Assoziativgesetz	$(a + b) + c = a + (b + c)$
neutrales Element 0	$0 + a = a + 0 = a$
inverses Element −a (Gegenzahl)	$a + (-a) = 0$

Multiplikation

Kommutativgesetz	$a \cdot b = b \cdot a$
Assoziativgesetz	$(a \cdot b) \cdot c = a \cdot (b \cdot c)$
neutrales Element 1	$1 \cdot a = a \cdot 1 = a$
inverses Element $\frac{1}{a}$	$a \cdot \frac{1}{a} = 1$

Distributivgesetz

Multiplikation	$(a \pm b) \cdot c = a \cdot c \pm b \cdot c$
Division	$(a \pm b) : c = a : c \pm b : c$

Alle im Folgenden auftretenden Nenner sind ungleich null.

Vorzeichen und Rechenzeichen

Addition	Multiplikation	Division	
$a + (+a) = a + a$	$(+a) \cdot (+b) = +a \cdot b$	$(+a) : (+b) = +a : b$	$\frac{+a}{+b} = +\frac{a}{b} = \frac{a}{b}$
$a - (-a) = a + a$	$(-a) \cdot (-b) = +a \cdot b$	$(-a) : (-b) = +a : b$	$\frac{-a}{-b} = +\frac{a}{b} = \frac{a}{b}$
$a + (-a) = a - a$	$(+a) \cdot (-b) = -a \cdot b$	$(+a) : (-b) = -a : b$	$\frac{+a}{-b} = -\frac{a}{b}$
$a - (+a) = a - a$	$(-a) \cdot (+b) = -a \cdot b$	$(-a) : (+b) = -a : b$	$\frac{-a}{+b} = -\frac{a}{b}$

Grundrechenarten für Brüche

Addition/Subtraktion	Multiplikation	Division
$\frac{a}{c} \pm \frac{b}{c} = \frac{a \pm b}{c}$	$\frac{a}{b} \cdot \frac{c}{d} = \frac{a \cdot c}{b \cdot d}$	$\frac{a}{b} : \frac{c}{d} = \frac{a \cdot d}{b \cdot c}$
$\frac{a}{c} \pm \frac{b}{d} = \frac{a \cdot d \pm b \cdot c}{c \cdot d}$	$\frac{a}{b} \cdot c = \frac{a \cdot c}{b}$	$\frac{a}{b} : c = \frac{a}{b \cdot c}$

Erweitern

Bruchzahlen erweitert man wie nebenstehend angegeben.

$$\frac{a}{b} = \frac{a \cdot r}{b \cdot r} \qquad r \in \mathbb{R} \setminus \{0\}$$

Kürzen

Bruchzahlen kürzt man wie nebenstehend angegeben.

$$\frac{a}{b} = \frac{a : n}{b : n} \qquad n|a \text{ und } n|b, \; n \in \mathbb{N}$$

Binomische Formeln

1. Binomische Formel $(a + b)^2 = a^2 + 2ab + b^2$

2. Binomische Formel $(a - b)^2 = a^2 - 2ab + b^2$

3. Binomische Formel $(a + b) \cdot (a - b) = a^2 - b^2$

Teiler – Vielfaches

Teiler

a heißt Teiler von b, wenn es eine natürliche Zahl n gibt, sodass $a \cdot n = b$.

$a | b \Leftrightarrow a \cdot n = b$ mit $n \in \mathbb{N}$

Vielfaches

b heißt Vielfaches von a, wenn es eine natürliche Zahl n gibt, sodass $a \cdot n = b$.

b ist Vielfaches von a.

$\Leftrightarrow a \cdot n = b$ mit $n \in \mathbb{N}$

a ist genau dann Teiler von b, wenn b Vielfaches von a ist.

Größter gemeinsamer Teiler – ggT

Der größte gemeinsame Teiler zweier natürlicher Zahlen a und b ist die größte natürliche Zahl, die sowohl a als auch b teilt. Man bezeichnet sie mit ggT (a; b).
Haben a und b keine gemeinsamen Teiler, so gilt: ggT (a; b) = 1

Kleinstes gemeinsames Vielfaches – kgV

Das kleinste gemeinsame Vielfache zweier natürlicher Zahlen a und b ist die kleinste natürliche Zahl, die sowohl Vielfaches von a als auch von b ist. Man bezeichnet sie mit kgV (a; b).
Haben a und b keine gemeinsamen Teiler, so gilt: kgV (a; b) = $a \cdot b$.
Das kgV entspricht dem (kleinsten) Hauptnenner bei Brüchen.

Teilbarkeitsregeln

Quersumme: Summe der Werte der einzelnen Ziffern einer Zahl

n	Bedingung für die Teilbarkeit einer Zahl durch n
2	Die letzte Ziffer ist 0; 2; 4; 6 oder 8.
3	Die Quersumme ist durch 3 teilbar.
4	Die letzten beiden Ziffern bilden eine durch 4 teilbare Zahl.
5	Die letzte Ziffer ist 0 oder 5.
9	Die Quersumme ist durch 9 teilbar.
10	Die letzte Ziffer ist 0.

Alle im Folgenden auftretenden Nenner sind ungleich null.

Bezeichnungen und Definition

Exponent (Hochzahl)

$a^n = c$

Basis, Potenzwert

$a^n = \underbrace{a \cdot a \cdot a \cdot \ldots \cdot a}_{\text{n-Faktoren}}$

$a^1 = a$

$a^0 = 1$

$a^{-n} = \frac{1}{a^n}$

0^0 ist nicht definiert.

Rechenregeln

Addition gleicher Potenzen

$p \cdot a^n + q \cdot a^n = (p + q) \cdot a^n$

Multiplikation von Potenzen

$a^m \cdot a^n = a^{m+n}$

$a^n \cdot b^n = (a \cdot b)^n$

Division von Potenzen

$a^m : a^n = a^{m-n}$

$a^n : b^n = \left(\frac{a}{b}\right)^n$

Potenz einer Potenz

$(a^m)^n = a^{m \cdot n}$

Potenz eines Bruches

$\left(\frac{a}{b}\right)^n = \frac{a^n}{b^n}$

5 Wurzeln

Alle im Folgenden auftretenden Radikanden sind nicht negativ.

Bezeichnungen und Definition

Die n-te Wurzel aus a ist die nichtnegative Lösung der Gleichung $x^n = a$.

Wurzelexponent

$x = \sqrt[n]{a}$

Wurzel — Radikand

$$\underbrace{\sqrt[n]{a} \cdot \sqrt[n]{a} \cdot \ldots \cdot \sqrt[n]{a}}_{\text{n-Faktoren}} = a$$

$$\sqrt[n]{0} = 0$$

$$\sqrt[n]{1} = 1$$

Quadratwurzel

Kurzschreibweise

$$\sqrt[2]{a} = \sqrt{a}$$

Rechenregeln

Addition gleicher Wurzeln

$$p \cdot \sqrt[n]{a} + q \cdot \sqrt[n]{a} = (p + q) \cdot \sqrt[n]{a}$$

Multiplikation

$$\sqrt[m]{a} \cdot \sqrt[n]{a} = \sqrt[m \cdot n]{a^{m+n}}$$

$$\sqrt[n]{a} \cdot \sqrt[n]{b} = \sqrt[n]{a \cdot b}$$

Division

$$\sqrt[m]{a} : \sqrt[n]{a} = \sqrt[m \cdot n]{a^{n-m}}$$

$$\sqrt[n]{a} : \sqrt[n]{b} = \sqrt[n]{\frac{a}{b}}$$

Quadratwurzel aus einem Quadrat

$$\sqrt{a^2} = |a|$$

Teilweises Wurzelziehen

$$\sqrt[n]{a^n b} = |a| \cdot \sqrt[n]{b}$$

Wurzel als Potenz

$$a^{\frac{1}{n}} = \sqrt[n]{a}$$

$$a^{\frac{m}{n}} = \sqrt[n]{a^m} = (\sqrt[n]{a})^m$$

Im Folgenden gilt: $a, c \in \mathbb{R}^+ \setminus \{1\}$ und $b, u, v \in \mathbb{R}^+$

Bezeichnungen und Definition

Der Logarithmus einer positiven Zahl b zur Basis a ist derjenige Exponent, mit dem man a potenzieren muss, um b zu erhalten.

Exponent — Logarithmus

$$a^x = b \quad \Leftrightarrow \quad x = \log_a b$$

Basis — Numerus

$$a^{\log_a b} = b$$
$$\log_a 1 = 0$$
$$\log_a a = 1$$

Rechenregeln

Logarithmus eines **Produkts**

$$\log_a (u \cdot v) = \log_a u + \log_a v$$

Logarithmus eines **Quotienten**

$$\log_a \left(\frac{u}{v}\right) = \log_a u - \log_a v$$

Logarithmus einer **Potenz**

$$\log_a (u^n) = n \cdot \log_a u$$

Logarithmus einer **Wurzel**

$$\log_a \sqrt[n]{u} = \frac{1}{n} \log_a u$$

Zehnerlogarithmus

Kurzschreibweise

$$\log_{10} b = \lg b$$

Basiswechsel

Umrechnung in beliebige Basis

$$\log_a b = \frac{\log_c b}{\log_c a}$$

Umrechnung in Basis 10

$$\log_a b = \frac{\lg b}{\lg a}$$

Lineare Gleichungen

Eine Gleichung heißt linear, wenn sie auf nebenstehende Form gebracht werden kann.

$$ax + b = 0 \qquad (a \neq 0)$$

Quadratische Gleichungen

Eine Gleichung heißt quadratisch, wenn sie auf nebenstehende Form gebracht werden kann.
Der Term D heißt Diskriminante.

$$ax^2 + bx + c = 0 \qquad (a \neq 0)$$

$$D = b^2 - 4 \cdot a \cdot c$$

Lösung quadratischer Gleichungen

Lösungsformel

Der Wert der Diskriminante D (Radikand) entscheidet, ob die Gleichung lösbar ist und ob sie eine oder zwei Lösungen hat.

$$ax^2 + bx + c = 0 \qquad a \neq 0$$

$$x_{1/2} = \frac{-b \pm \sqrt{b^2 - 4 \cdot a \cdot c}}{2a} = \frac{-b \pm \sqrt{D}}{2a}$$

D > 0: zwei Lösungen
Mit den beiden Lösungen x_1 und x_2 ist eine Zerlegung in Linearfaktoren möglich.

$$x_1 = \frac{-b - \sqrt{D}}{2a} \qquad x_2 = \frac{-b + \sqrt{D}}{2a}$$

$$\mathbb{L} = \{x_1; x_2\}$$

$$ax^2 + bx + c = a\,(x - x_1)\,(x - x_2)$$

D = 0: eine Lösung

$$x = \frac{-b}{2a} \qquad \mathbb{L} = \{x\}$$

D < 0: keine Lösung

$$\mathbb{L} = \emptyset$$

Geometrische Bedeutung der Diskriminante

Beim Term $T(x) = ax^2 + bx + c = 0$ $(a \neq 0)$ entscheidet der Wert der Diskriminante D über die Anzahl der Nullstellen (x-Werte der Schnittpunkte des Graphen mit der x-Achse).

D > 0: zwei Nullstellen
D = 0: eine Nullstelle
D < 0: keine Nullstelle

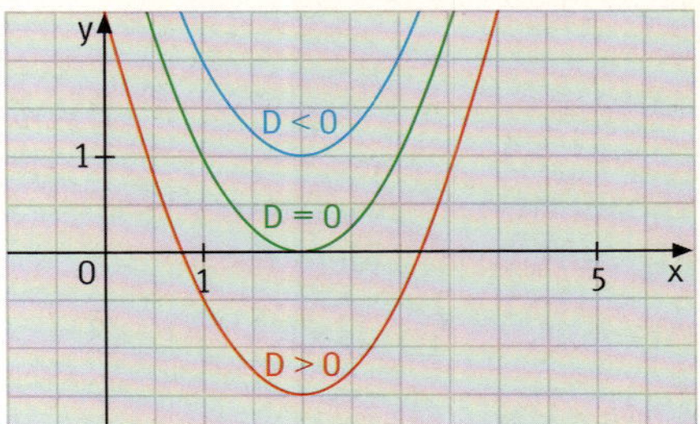

Definition

Zwei durch das Zeichen „∧" verknüpfte lineare Gleichungen mit zwei Variablen bezeichnet man als lineares Gleichungssystem mit zwei Variablen.

$$\begin{array}{rl} \textbf{I} & a_1x + b_1y = c_1 \\ \wedge\ \textbf{II} & a_2x + b_2y = c_2 \end{array}$$

Lösen durch Elimination

Einsetzungsverfahren

Eine der beiden Gleichungen wird nach einer Variablen aufgelöst und in die andere Gleichung eingesetzt.

Gleichsetzungsverfahren

Beide Gleichungen werden nach derselben Variablen oder dem gleichen Term aufgelöst und anschließend gleichgesetzt.

Additionsverfahren

Die Elimination gelingt durch Addieren bzw. Subtrahieren der beiden Gleichungen. Möglicherweise müssen die Gleichungen zunächst mit geeigneten Faktoren multipliziert werden.

Grafisches Lösungsverfahren

eine Lösung: $\mathbb{L} = \{(x_s | y_s)\}$
Die Geraden scheiden sich im Punkt S $(x_s | y_s)$.

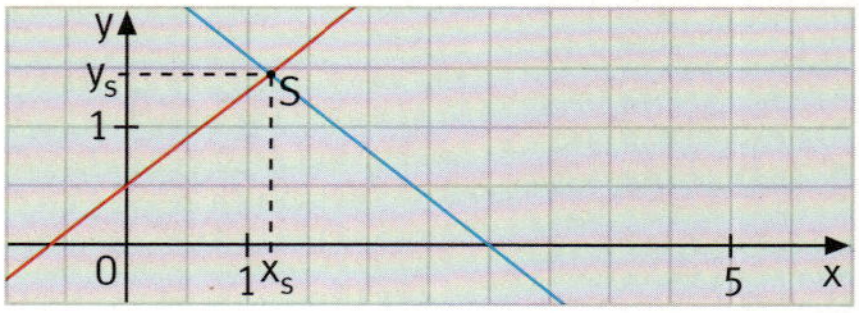

keine Lösung: $\mathbb{L} = \emptyset$
Die Geraden sind parallel.

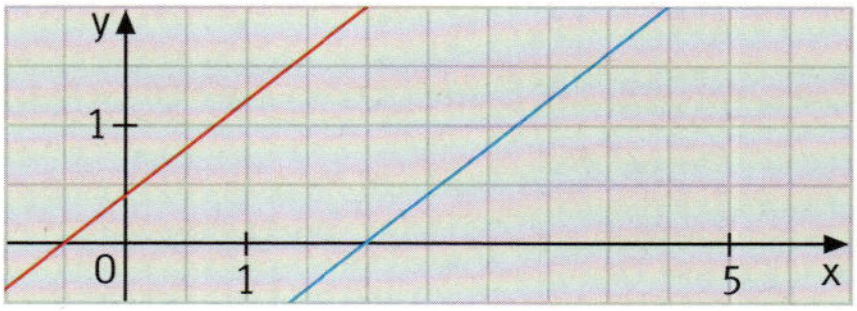

unendlich viele Lösungen:
Die Geraden sind identisch.

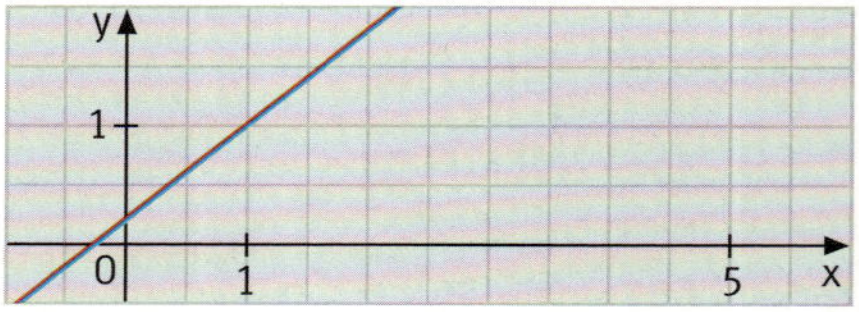

Lösen mithilfe von Determinanten

Lineares Gleichungssystem

Hinweis: Um ein Gleichungssystem mit den unten angegebenen Determinanten zu lösen, muss es zunächst auf nebenstehende Form gebracht werden.

$$\begin{array}{ll} \textbf{I} & a_1x + b_1y = c_1 \\ \wedge\ \textbf{II} & a_2x + b_2y = c_2 \end{array}$$

Zweireihige Determinante

$$\begin{vmatrix} a_1 & b_1 \\ a_2 & b_2 \end{vmatrix} = a_1b_2 - a_2b_1$$

Definition der Determinanten

$$D_N = \begin{vmatrix} a_1 & b_1 \\ a_2 & b_2 \end{vmatrix} = a_1b_2 - a_2b_1$$

$$D_x = \begin{vmatrix} c_1 & b_1 \\ c_2 & b_2 \end{vmatrix} = c_1b_2 - c_2b_1$$

$$D_y = \begin{vmatrix} a_1 & c_1 \\ a_2 & c_2 \end{vmatrix} = a_1c_2 - a_2c_1$$

Bestimmung der Lösungen

$$x = \frac{D_x}{D_N} \qquad y = \frac{D_y}{D_N} \qquad D_N \neq 0$$

$\mathbf{D_N \neq 0}$

eine Lösung: $\mathbb{L} = \{(x_s | y_s)\}$

$\mathbf{D_N = 0 \quad D_x \neq 0 \ \vee \ D_y \neq 0}$

keine Lösung: $\mathbb{L} = \emptyset$

$\mathbf{D_N = 0 \quad D_x = 0 \ \wedge \ D_y = 0}$

unendlich viele Lösungen:
$\mathbb{L} = \{(x|y) \,|\, a_1x + b_1y = c_1\}$
$\mathbb{L} = \{(x|y) \,|\, a_2x + b_2y = c_2\}$

Direkte Proportionalität

Definition

Eine Zuordnung, die dem k-fachen der einen das k-fache der anderen Größe zuordnet, nennt man direkte Proportionalität. Die Wertepaare sind jeweils quotientengleich. Der Wert des Quotienten heißt Proportionalitätsfaktor k. Um die direkte Proportionalität zweier Größen auszudrücken, verwendet man das Zeichen ~.
Der Graph einer direkten Proportionalität ist eine Ursprungsgerade.

$$k = \frac{y_1}{x_1} = \frac{y_2}{x_2} = \dots$$

$$y \sim x \quad \Rightarrow \quad \frac{y}{x} = k$$

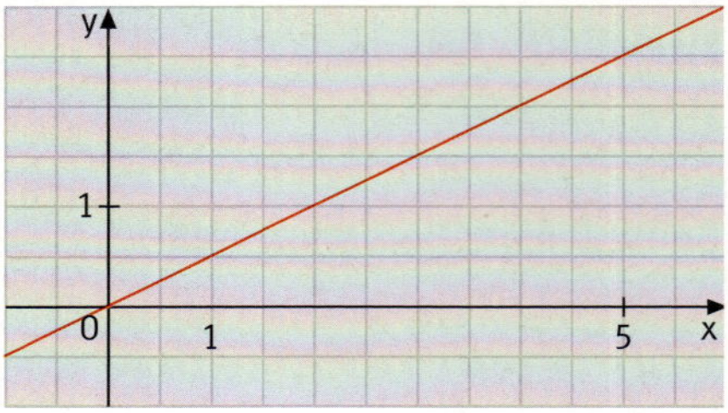

Indirekte Proportionalität

Definition

Eine Zuordnung, die dem k-fachen der einen das $\frac{1}{k}$-fache der anderen Größe zuordnet, nennt man indirekte Proportionalität. Die Wertepaare sind jeweils produktgleich. Der Wert des Produkts heißt Proportionalitätsfaktor k.
Der Graph einer indirekten Proportionalität ist ein Hyperbelast.

$$k = y_1 \cdot x_1 = y_2 \cdot x_2 = \dots$$

$$y \sim \frac{1}{x} \quad \Rightarrow \quad y \cdot x = k$$

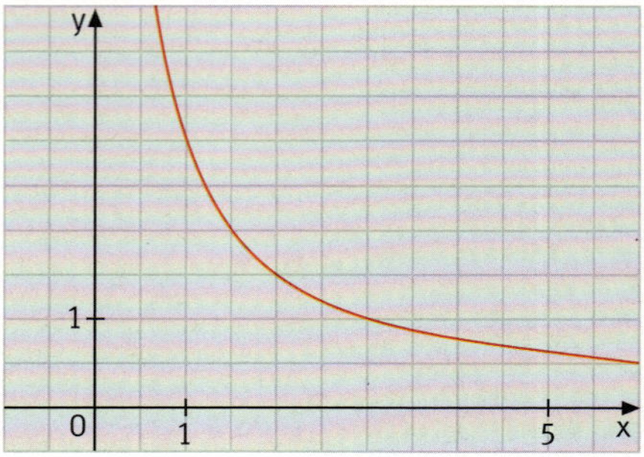

Prozentrechnung

Definition

Ein Prozent ist der hundertste Teil eines Ganzen.

$$1\,\% = \frac{1}{100} = 0{,}01$$

Prozentformel

GW: Grundwert
PW: Prozentwert
p: Prozentsatz

$$\frac{PW}{GW} = \frac{p}{100}$$

Vermehrter bzw. verminderter Grundwert

$$GW' = GW \pm PW$$

$$GW' = \left(1 \pm \frac{p}{100}\right) \cdot GW$$

Zinsrechnung

Die Zinsrechnung ergibt sich aus der Prozentrechung.

Jahreszinsen

Z_J: Jahreszins
p: Zinssatz
K: Kapitalwert

$$Z_J = \frac{p}{100} \cdot K$$

Monatszinsen

Z_M: Monatszins
p: Zinssatz
K: Kapitalwert
m: Anzahl der Monate

$$Z_M = \frac{p}{100} \cdot K \cdot \frac{m}{12}$$

Tageszinsen

Z_T: Tageszins
p: Zinssatz
K: Kapitalwert
t: Anzahl der Tage

$$Z_T = \frac{p}{100} \cdot K \cdot \frac{t}{365}$$

Definitionen

Produktmenge

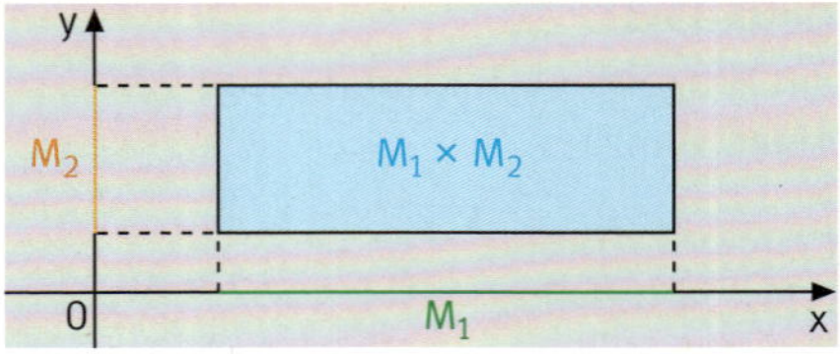

Die Produktmenge $M_1 \times M_2$ zweier Mengen M_1 und M_2 ist die Menge aller geordneten Paare $(x|y)$ mit $x \in M_1$ und $y \in M_2$.

$M_1 \times M_2 = \{(x|y) \mid x \in M_1 \wedge y \in M_2\}$

Relation und Relationsvorschrift

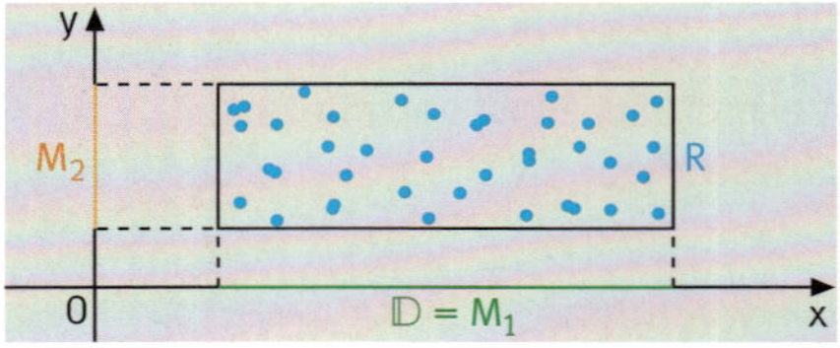

Durch eine Relationsvorschrift wird zwischen zwei Mengen M_1 und M_2 eine Relation R festgelegt. Die Relation R ist Teilmenge der Produktmenge $M_1 \times M_2$.

Die Relationsvorschrift ist die Aussageform, die die Relation, d. h. die Zuordnung der einzelnen Elemente beider Mengen, verbal oder algebraisch beschreibt.

Definitionsmenge

Die Menge aller ersten Komponenten (meist: x-Werte) einer Relation bzw. Funktion bildet die Definitionsmenge $\mathbb{D}$.

Wertemenge

Die Menge aller zweiten Komponenten (meist: y-Werte) einer Relation bzw. Funktion bildet die Wertemenge $\mathbb{W}$.

$\mathbb{W} = \{y|y = f(x) \text{ mit } x \in \mathbb{D}\}$

Funktionen

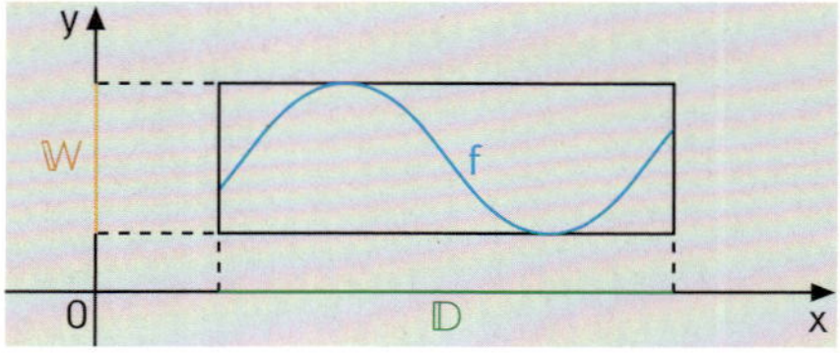

Eine Relation R heißt Funktion f in der Grundmenge $\mathbb{D} \times \mathbb{W}$, wenn jedem $x \in \mathbb{D}$ genau ein Wert $y \in \mathbb{W}$ zugeordnet ist.

Funktionsgleichung: $y = f(x)$

Funktionsterm: $f(x)$

Darstellung von Funktionen

Für die Darstellung von Funktionen gibt es folgende Möglichkeiten:

Funktionsgleichung

$y = f(x)$

Wertetabelle

x	−2	−1	0	1	...
y = f(x)	f (−2)	f (−1)	f (0)	f (1)	...

Graph oder Schaubild

Die Menge aller Punkte $P\,(x_P|y_P)$ in einem kartesischen Koordinatensystem mit $x_P \in \mathbb{D}$ und $y_P = f(x_P)$ nennt man Graph der Funktion f.
Die x-Koordinate eines Punktes heißt Abszisse, die y-Koordinate heißt Ordinate.

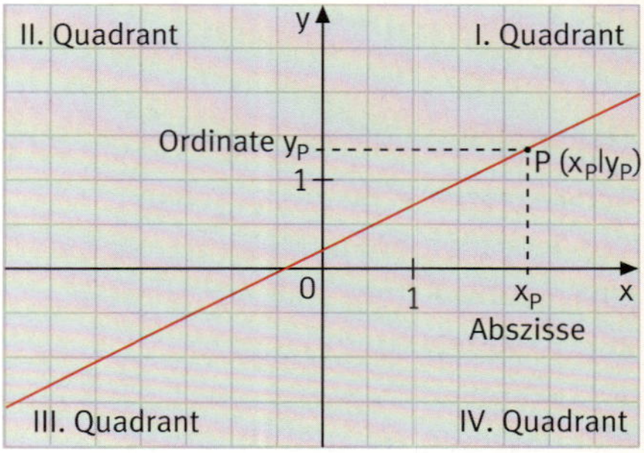

Umkehrrelation / Umkehrfunktion

Zu jeder Relation R lässt sich eine Umkehrrelation R^{-1} angeben.
Eine Funktion heißt umkehrbar, wenn die zugehörige Umkehrrelation wieder eine Funktion ist.

$$\mathbb{D}(R^{-1}) = \mathbb{W}(R)$$
$$\mathbb{W}(R^{-1}) = \mathbb{D}(R)$$

Achsenschnittpunkte

Nullstelle

Gilt $f(x_0) = 0$, dann heißt x_0 Nullstelle von f. Der Graph von f schneidet oder berührt die x-Achse im Punkt N $(x_0|0)$.

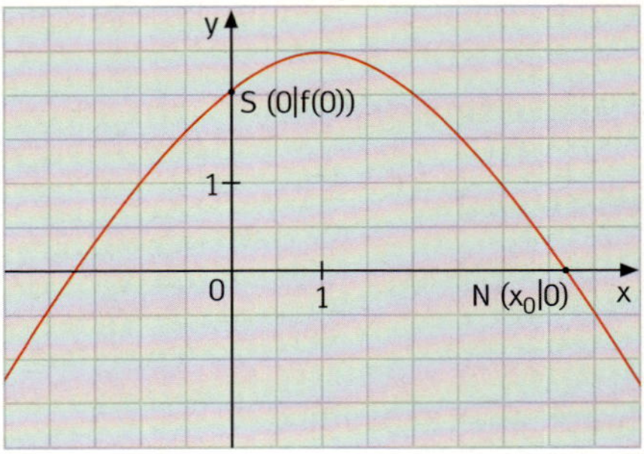

Schnittpunkt mit der y-Achse

Der Graph einer Funktion schneidet die y-Achse im Punkt S $(0|f(0))$.

Symmetrie

Achsensymmetrie zur y-Achse

Der Graph einer Funktion f ist symmetrisch zur y-Achse, falls für alle $x \in \mathbb{D}$ gilt: $f(-x) = f(x)$.

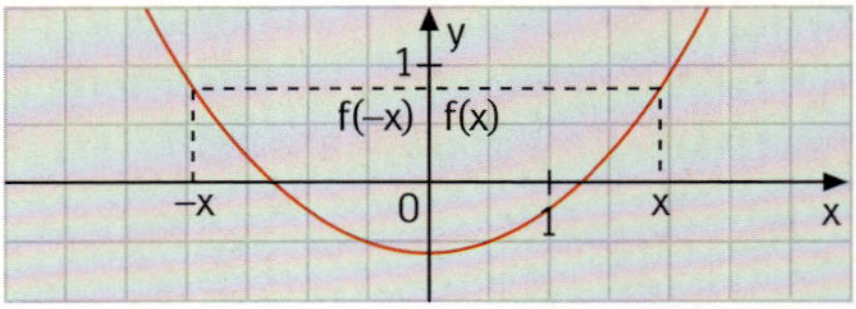

Punktsymmetrie zum Ursprung

Der Graph einer Funktion f ist symmetrisch zum Ursprung O $(0|0)$, falls für alle $x \in \mathbb{D}$ gilt: $f(-x) = -f(x)$.

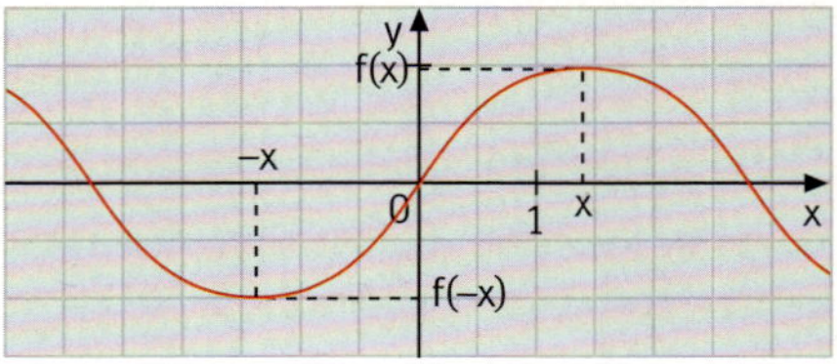

Definition und Eigenschaften

Normalform

Eine Funktion f mit der Gleichung
$y = f(x) = mx + t$ heißt lineare Funktion.
Der Graph der Funktion ist eine Gerade.
Definitionsmenge: $\mathbb{D} = \mathbb{R}$
Wertemenge: $\mathbb{W} = \mathbb{R}$ für $m \neq 0$
$\mathbb{W} = \{t\}$ für $m = 0$

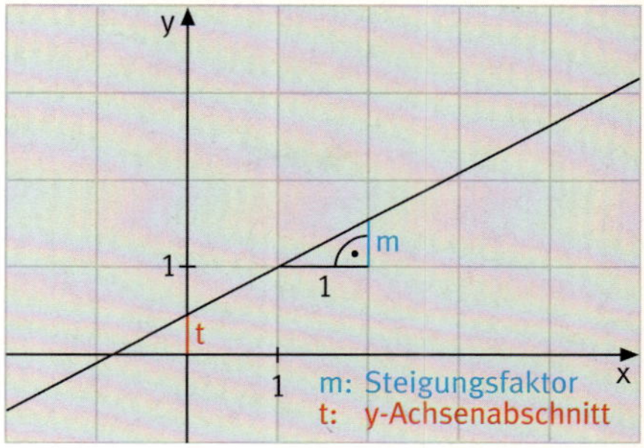

Allgemeine Form

Die allgemeine Form $ax + by + c = 0$ einer linearen Funktion kann für $b \neq 0$ auf die Normalform gebracht werden.

Steigungsfaktor

Ist der Verlauf einer Geraden durch die Punkte A $(x_A|y_A)$ und B $(x_B|y_B)$ festgelegt, so lässt sich aus den Koordinaten der Punkte der Steigungsfaktor m berechnen.

$$m = \frac{\Delta y}{\Delta x} = \frac{y_B - y_A}{x_B - x_A}$$

$$m = \tan \alpha$$

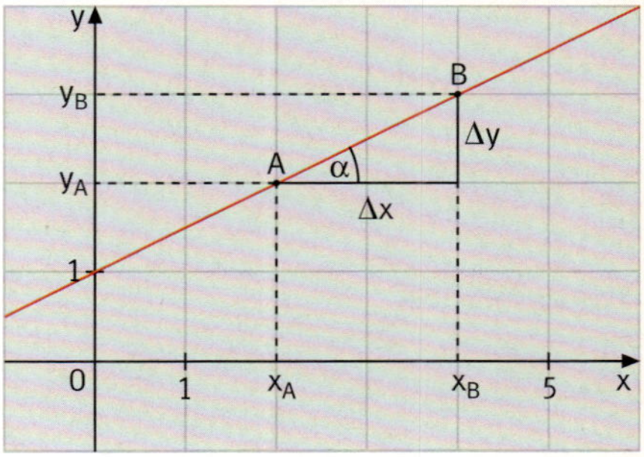

Der Wert von m bestimmt den Verlauf der Geraden im Koordinatensystem.
m > 0: steigende Gerade
m = 0: Parallele zur x-Achse
m < 0: fallende Gerade

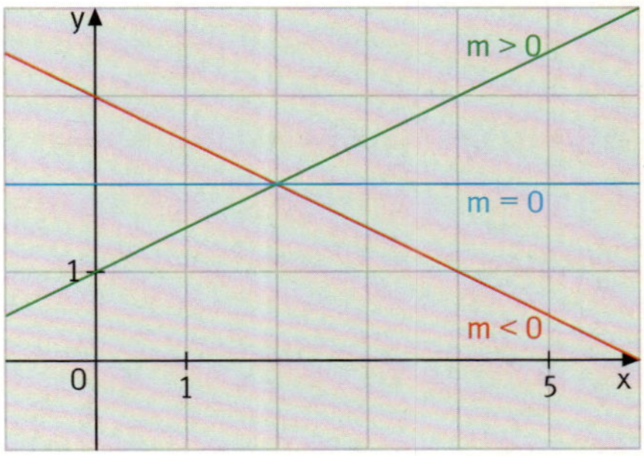

y-Achsenabschnitt

Der Wert von t bestimmt den Punkt S (0|t), an dem die Gerade die y-Achse schneidet.

t > 0: Die Gerade schneidet die positive y-Achse.

t = 0: Die Gerade geht durch den Ursprung.

t < 0: Die Gerade schneidet die negative y-Achse.

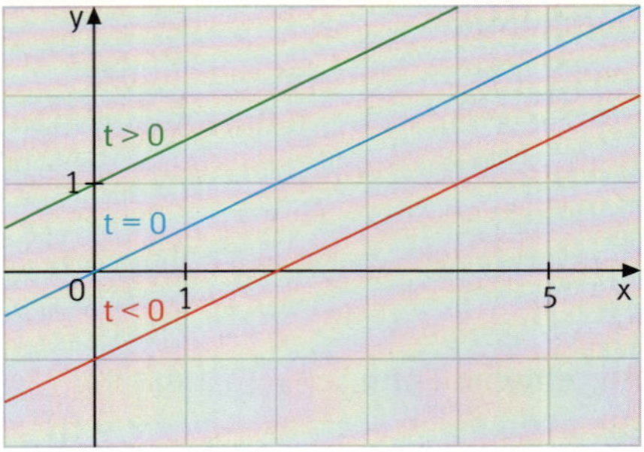

Lage von Geraden

Parallelität

g_1: $y = m_1x + t_1$

g_2: $y = m_2x + t_2$

$m_1 = m_2 \quad \Leftrightarrow \quad g_1 \parallel g_2$

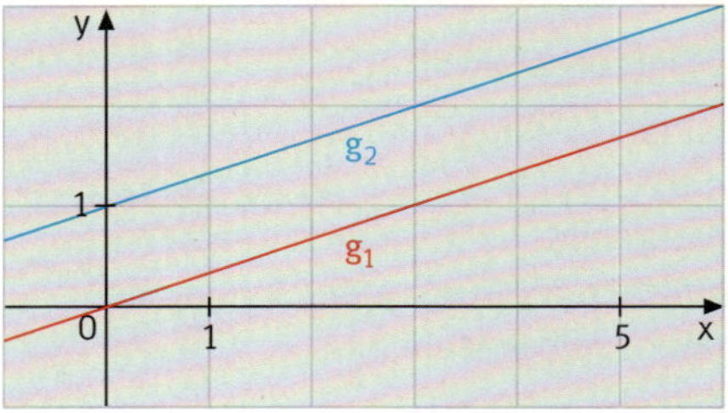

Orthogonalität

g_1: $y = m_1x + t_1$

g_2: $y = m_2x + t_2$

$m_1 \cdot m_2 = -1 \quad \Leftrightarrow \quad g_1 \perp g_2$

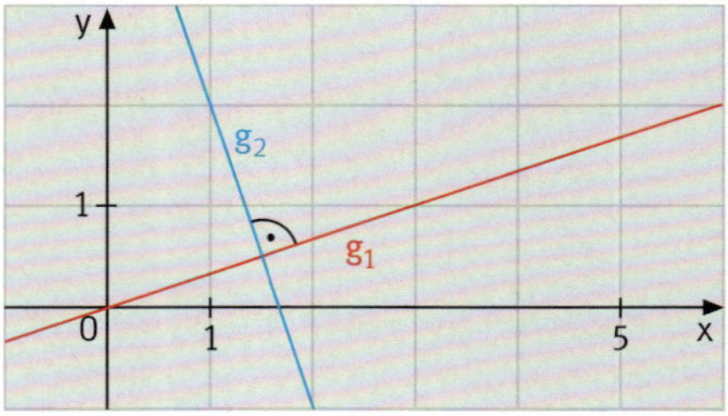

Spiegelung an der Winkelhalbierenden des I. und III. Quadranten

$m_1 \cdot m_2 = +1$

Gleichung einer Ursprungsgeraden

$y = mx$

Gleichung einer Parallelen zur x-Achse

$y = t$ x-Achse: $y = 0$

Gleichung einer Parallelen zur y-Achse

$x = u$ y-Achse: $x = 0$
(keine Funktion!)

Punkt-Steigungs-Form

Die Funktionsgleichung f(x) lässt sich aus den Koordinaten eines Punktes P $(x_P | y_P)$ und dem Steigungsfaktor m ermitteln.

$$y = f(x) = m\,(x - x_P) + y_P$$

Parallelenschar

Für ein variables t in der Normalform $y = m_0 x + t$ einer linearen Funktion erhält man eine Parallelenschar mit dem Steigungsfaktor m_0.

$$y = m_0 x + t$$

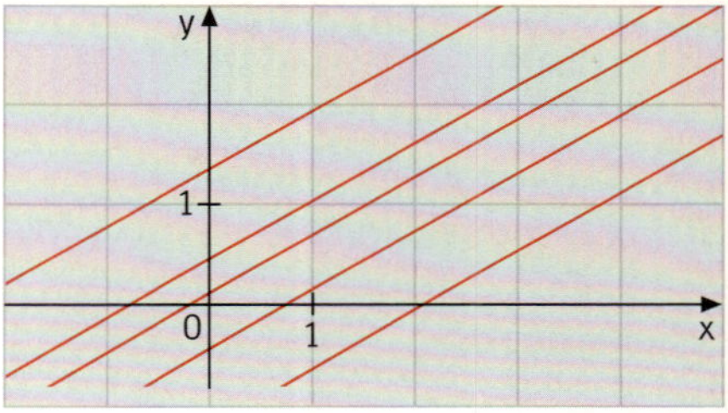

Geradenbüschel

Für variables m beschreibt die Geradengleichung $y = m\,(x - x_B) + y_B$ eine Schar von Geraden, die alle durch den Punkt B $(x_B | y_B)$ verlaufen. Eine solche Schar nennt man Geradenbüschel, der Punkt B heißt Büschelpunkt.

$$y = m\,(x - x_B) + y_B$$

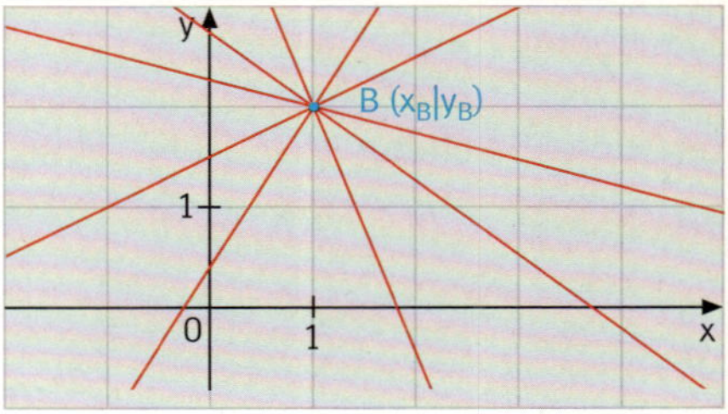

Definition und Eigenschaften

Jede Funktion mit der Gleichung $y = ax^2 + bx + c$ und $a \neq 0$ heißt **quadratische Funktion**. Der zugehörige Graph ist eine **Parabel**.

Definitionsmenge: $\mathbb{D} = \mathbb{R}$ $a \in \mathbb{R} \setminus \{0\}$ $b, c \in \mathbb{R}$

Normalparabel und gespiegelte Normalparabel

Funktionsgleichung $y = a \cdot x^2$

a = 1 nach oben geöffnete Normalparabel

a = −1 nach unten geöffnete Normalparabel

Scheitelpunkt O (0|0)

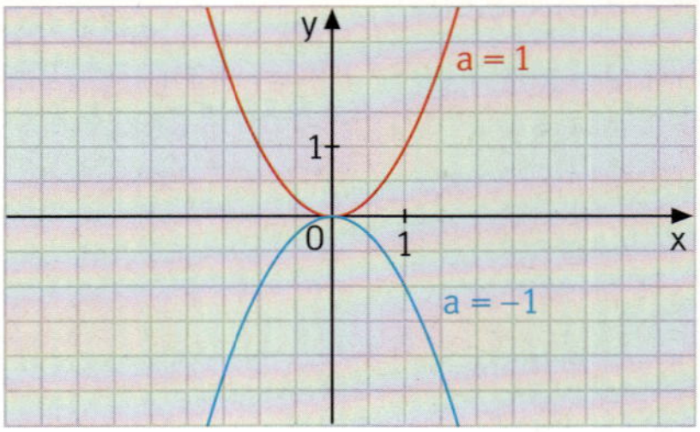

Normalparabel in beliebiger Lage

Verschiebung der Normalparabel mit dem Vektor $\vec{v} = \begin{pmatrix} x_S \\ y_S \end{pmatrix}$, Faktor $a = \pm 1$

Funktionsgleichung $y = \pm 1 \cdot (x - x_S)^2 + y_S$

Scheitelpunkt $S\,(x_S | y_S)$

$S\left(-\frac{b}{2a} \middle| c - \frac{b^2}{4a}\right)$

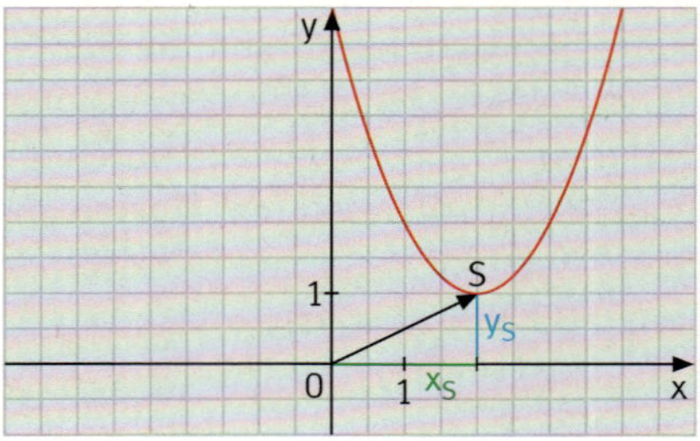

Parabel mit beliebiger Form und allgemeiner Lage

Funktionsgleichung $y = a \cdot (x - x_S)^2 + y_S$

|a| < 1 gestauchte Parabel

|a| > 1 gestreckte Parabel

a > 0 nach oben geöffnet

a < 0 nach unten geöffnet

Scheitelpunkt $S\,(x_S | y_S)$

$S\left(-\frac{b}{2a} \middle| c - \frac{b^2}{4a}\right)$

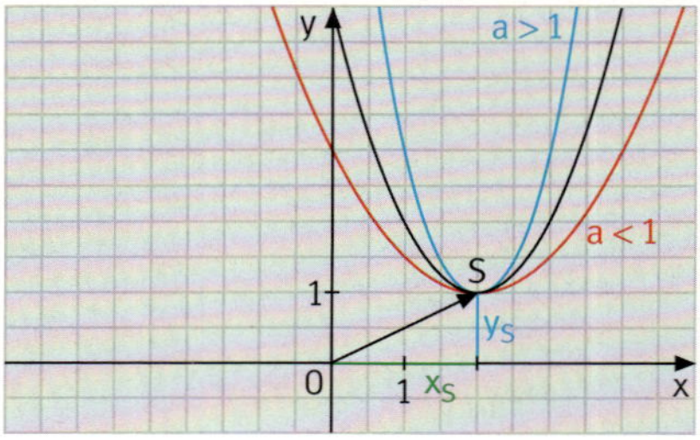

Definition

Funktionen mit der Gleichung $y = x^n$ heißen Potenzfunktionen. $n \in \mathbb{Q} \setminus \{0\}$

Potenzfunktionen mit geraden, ganzzahligen Exponenten > 1

Funktionsgleichung $y = x^n$ mit $n \in \{2; 4; 6; 8; ...\}$

Definitionsmenge $\mathbb{D} = \mathbb{R}$

Wertemenge $\mathbb{W} = \mathbb{R}_0^+$

Graph Parabel n-ten Grades

Symmetrie Achsensymmetrie zur y-Achse

gemeinsame Punkte O (0|0), P_1 (1|1), P_2 (–1|1)

Umkehrbarkeit Nach Einschränkung der Definitionsmenge auf $\mathbb{R}_0^+$ ist die Funktion umkehrbar.

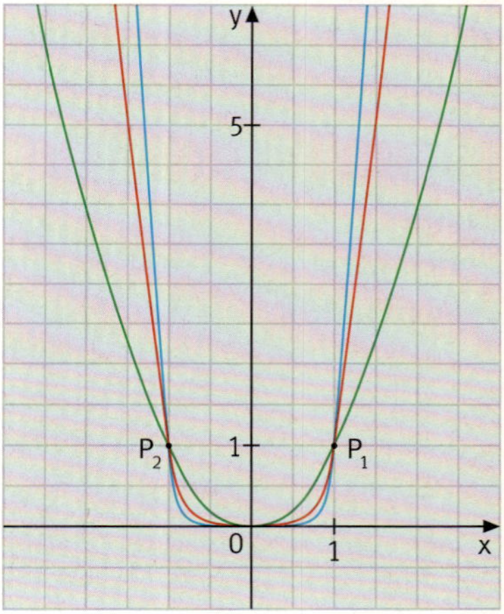

Potenzfunktionen mit ungeraden, ganzzahligen Exponenten > 1

Funktionsgleichung $y = x^n$ mit $n \in \{3; 5; 7; 9; ...\}$

Definitionsmenge $\mathbb{D} = \mathbb{R}$

Wertemenge $\mathbb{W} = \mathbb{R}$

Graph Parabel n-ten Grades

Symmetrie Punktsymmetrie zum Ursprung

gemeinsame Punkte O (0|0), P_1 (1|1), P_2 (–1|–1)

Umkehrbarkeit Die Funktion ist umkehrbar.

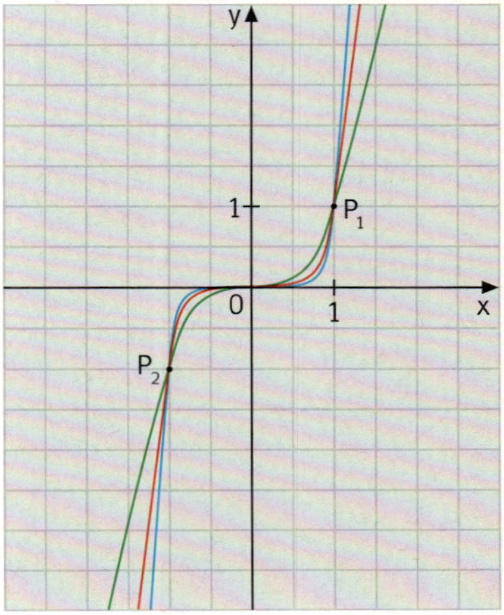

Potenzfunktionen mit geraden, ganzzahligen Exponenten < –1

Funktionsgleichung	$y = x^{-n}$ mit $n \in \{2; 4; 6; 8; ...\}$
Definitionsmenge	$\mathbb{D} = \mathbb{R} \setminus \{0\}$
Wertemenge	$\mathbb{W} = \mathbb{R}^+$
Graph	Hyperbel
Symmetrie	Achsensymmetrie zur y-Achse
gemeinsame Punkte	$P_1\ (1\|1)$, $P_2\ (-1\|1)$
Asymptoten	x-Achse und y-Achse
Umkehrbarkeit	Nach Einschränkung der Definitionsmenge auf $\mathbb{R}^+$ ist die Funktion umkehrbar.

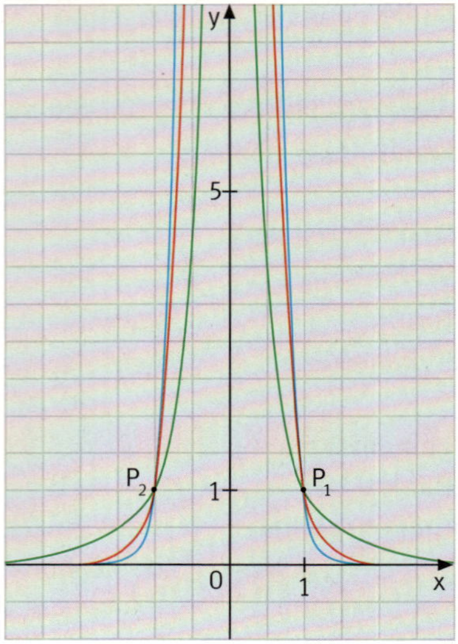

Potenzfunktionen mit ungeraden, ganzzahligen Exponenten ≦ –1

Funktionsgleichung	$y = x^{-n}$ mit $n \in \{1; 3; 5; 7; ...\}$
Definitionsmenge	$\mathbb{D} = \mathbb{R} \setminus \{0\}$
Wertemenge	$\mathbb{W} = \mathbb{R} \setminus \{0\}$
Graph	Hyperbel
Symmetrie	Punktsymmetrie zum Ursprung
gemeinsame Punkte	$P_1\ (1\|1)$, $P_2\ (-1\|-1)$
Asymptoten	x-Achse und y-Achse
Umkehrbarkeit	Die Funktion ist umkehrbar.

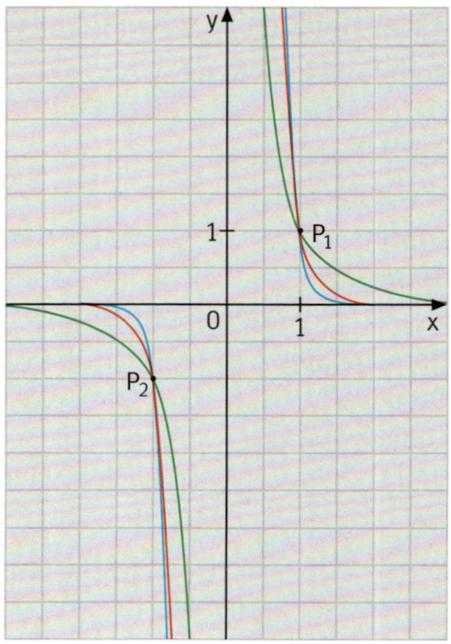

Potenzfunktionen mit positiven, rationalen Exponenten

Funktionsgleichung $y = x^{\frac{m}{n}}$ mit $m, n \in \mathbb{N}$ und $m \neq n$

Definitionsmenge $\mathbb{D} = \mathbb{R}_0^+$

Wertemenge $\mathbb{W} = \mathbb{R}_0^+$

Graph Parabelast

gemeinsame Punkte O (0|0), P (1|1)

Umkehrbarkeit Die Funktion ist umkehrbar.

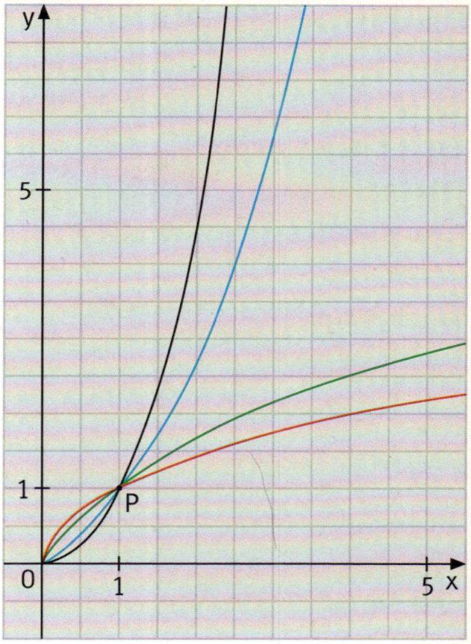

Potenzfunktionen mit negativen, rationalen Exponenten

Funktionsgleichung $y = x^{-\frac{m}{n}}$ mit $m, n \in \mathbb{N}$ und $m \neq n$

Definitionsmenge $\mathbb{D} = \mathbb{R}^+$

Wertemenge $\mathbb{W} = \mathbb{R}^+$

Graph Hyperbelast

gemeinsamer Punkt P (1|1)

Asymptoten x-Achse und y-Achse

Umkehrbarkeit Die Funktion ist umkehrbar.

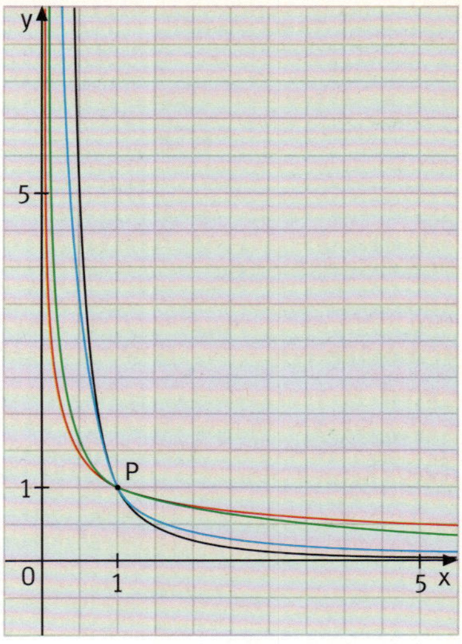

Exponentialfunktionen

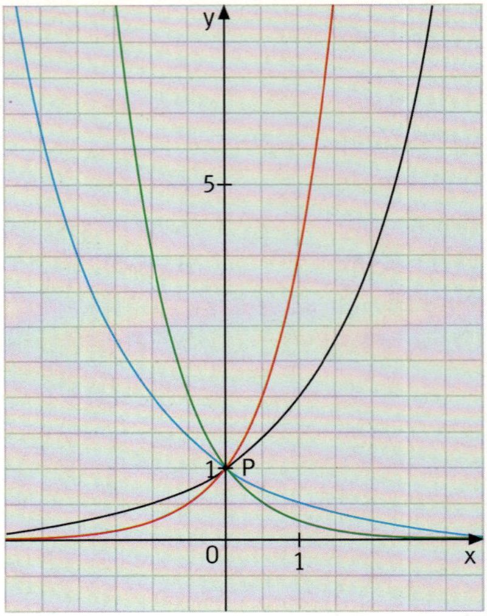

Funktionsgleichung	$y = a^x$ mit $a \in \mathbb{R}^+ \setminus \{1\}$ Exponentialfunktion zur Basis a
Definitionsmenge	$\mathbb{D} = \mathbb{R}$
Wertemenge	$\mathbb{W} = \mathbb{R}^+$
gemeinsamer Punkt	P (0|1)
Asymptoten	x-Achse
Umkehrbarkeit	Die Funktion ist umkehrbar. Man erhält eine Logarithmusfunktion zur Basis a.
Allgemeine Form	$y = k \cdot a^x$
Allgemeine Lage und Form	$y = k \cdot a^{x-b} + c$

Logarithmusfunktionen

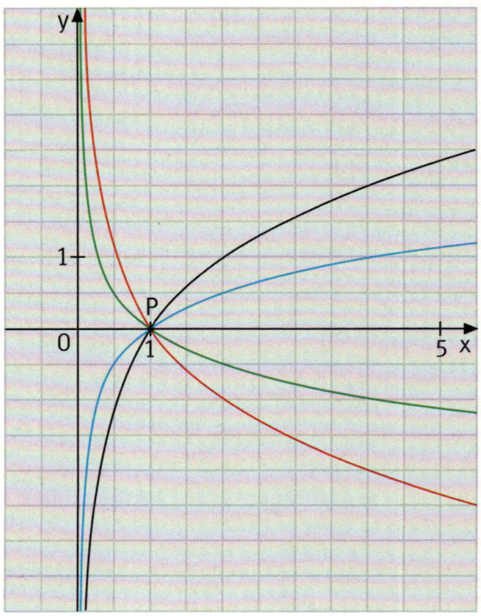

Funktionsgleichung	$y = \log_a x$ mit $a \in \mathbb{R}^+ \setminus \{1\}$ Logarithmusfunktion zur Basis a, Umkehrung der Exponentialfunktion
Definitionsmenge	$\mathbb{D} = \mathbb{R}^+$
Wertemenge	$\mathbb{W} = \mathbb{R}$
gemeinsamer Punkt	P (1|0)
Asymptoten	y-Achse
Umkehrbarkeit	Die Funktion ist umkehrbar. Man erhält eine Exponentialfunktion zur Basis a.
Allgemeine Lage und Form	$y = k \cdot \log_a (x - b) + c$

Geraden und Lage von Geraden

Gerade	AB = g
Halbgerade	[CD
Strecke	[PQ]
Streckenlänge	$\overline{RS}$ = 2,2 cm
Parallelität	g ‖ h
Orthogonalität	g* ⊥ h*

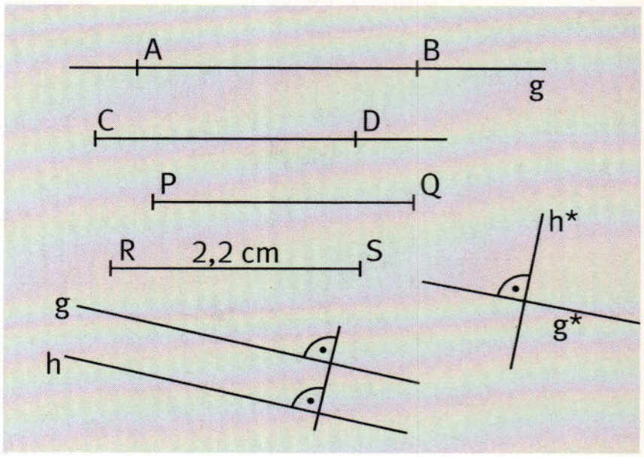

Bezeichnung von Winkeln

∢ ASB = ∢ (a; b) = ∢ ([SA; [SB)

Maß des Winkels	α
Schenkel	[SA; [SB
Scheitel	S

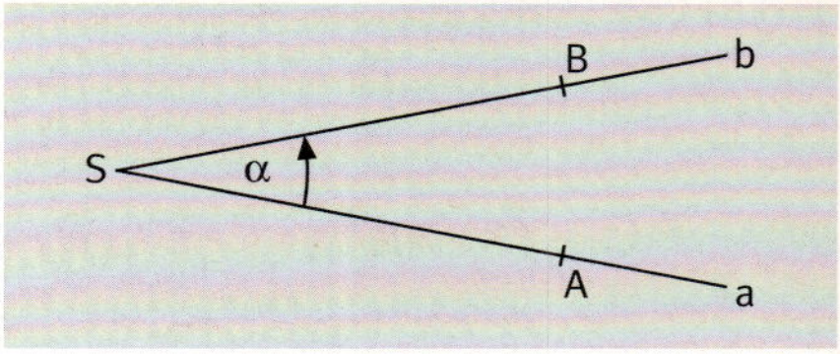

Winkelmaße

spitzer Winkel	$\beta < 90°$
rechter Winkel	$\beta = 90°$
stumpfer Winkel	$90° < \beta < 180°$
gestreckter Winkel	$\beta = 180°$
überstumpfer Winkel	$180° < \beta < 360°$
Vollwinkel	$\beta = 360°$

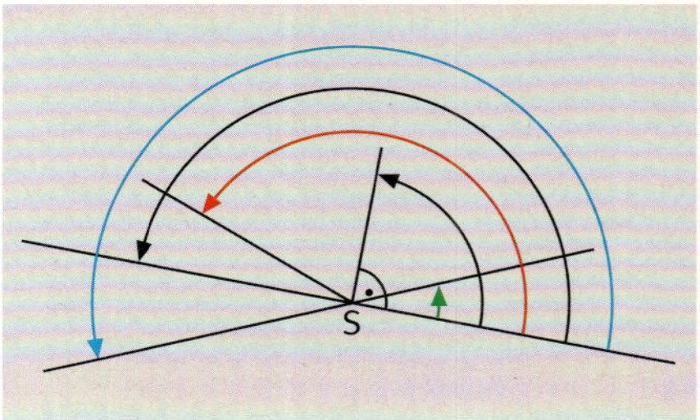

Orientierung von Winkeln

positive Orientierung $\alpha > 0°$
(gegen den Uhrzeigersinn)

negative Orientierung $\alpha' < 0°$
(im Uhrzeigersinn)

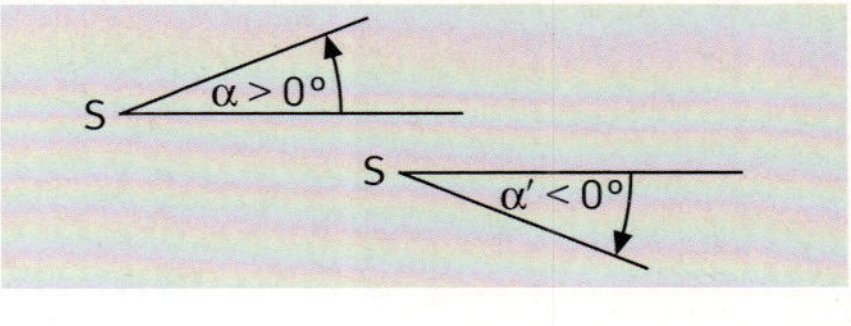

Winkel an sich schneidenden Geraden

Nebenwinkel

Die Maße zweier Nebenwinkel betragen zusammen 180°.

$\alpha + \beta = 180°$

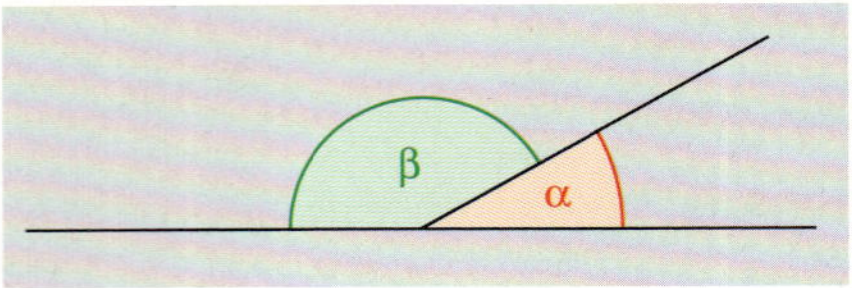

Scheitelwinkel

Scheitelwinkel sind maßgleich.

$\alpha = \alpha'$ und $\beta = \beta'$

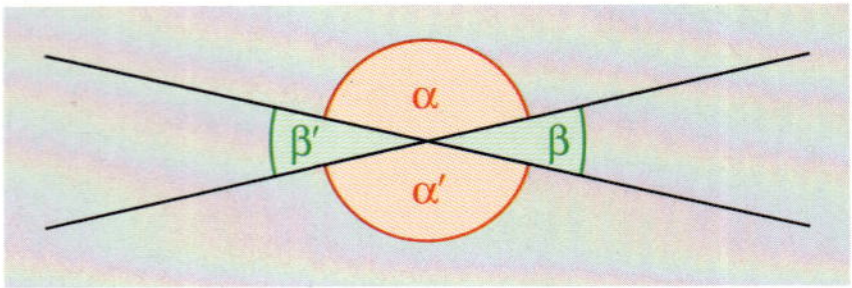

Winkel an parallelen Geraden

An jeder Doppelkreuzung mit zwei parallelen Geraden gilt:

Stufenwinkel (F-Winkel)

Stufenwinkel sind maßgleich.

$\alpha_1 = \alpha_2$ und $\beta_1 = \beta_2$
$\gamma_1 = \gamma_2$ und $\delta_1 = \delta_2$

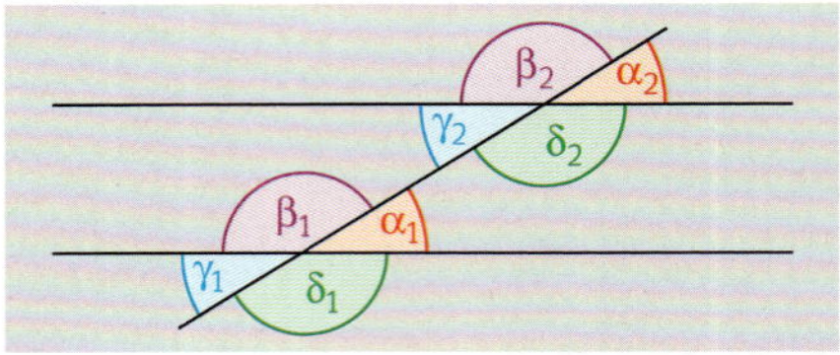

Wechselwinkel (Z-Winkel)

Wechselwinkel sind maßgleich.

$\alpha_1 = \gamma_2$ und $\beta_1 = \delta_2$
$\gamma_1 = \alpha_2$ und $\delta_1 = \beta_2$

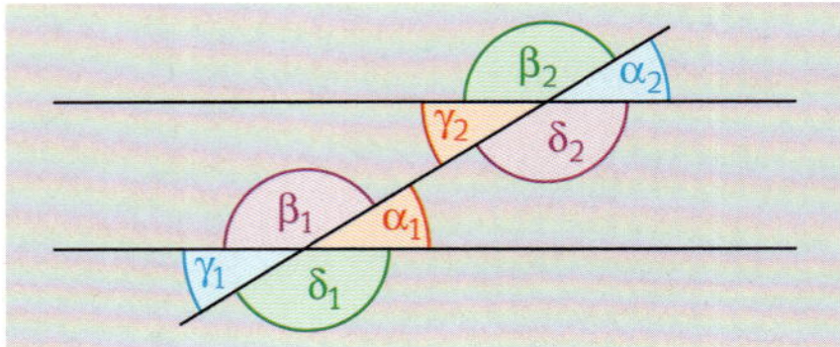

Nachbarwinkel (E-Winkel)

Die Maße zweier Nachbarwinkel ergänzen sich zu 180°.

$\alpha_1 + \delta_2 = 180°$
$\beta_1 + \gamma_2 = 180°$
$\gamma_1 + \beta_2 = 180°$
$\delta_1 + \alpha_2 = 180°$

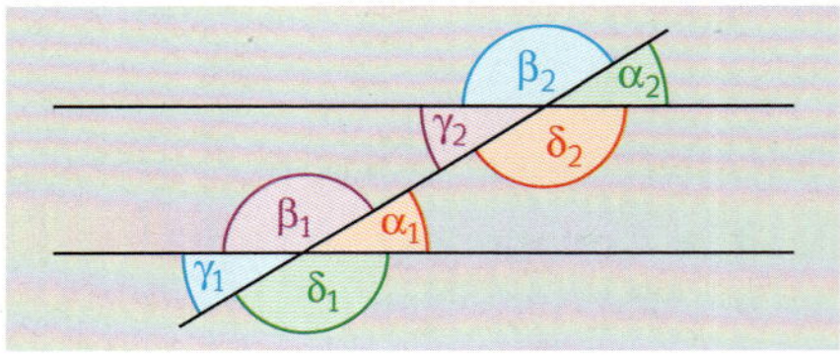

Kreislinie und Kreisbereiche

Die Kreislinie k mit dem Mittelpunkt M und dem Radius r ist die Ortslinie für alle Punkte P, die von M die Entfernung r haben.

Kreislinie: $k(M; r) = \{P \mid \overline{PM} = r\}$

Kreisinneres: $k_i(M; r) = \{P \mid \overline{PM} < r\}$

Kreisäußeres: $k_a(M; r) = \{P \mid \overline{PM} > r\}$

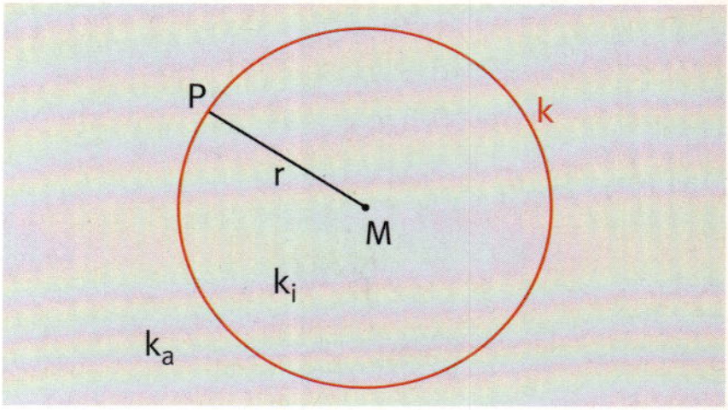

Mittelsenkrechte

Die Mittelsenkrechte $m_{[AB]}$ der Strecke [AB] ist die Ortslinie für alle Punkte P, die von den Punkten A und B die gleiche Entfernung haben.

$m_{[AB]} = \{P \mid \overline{PA} = \overline{PB}\}$

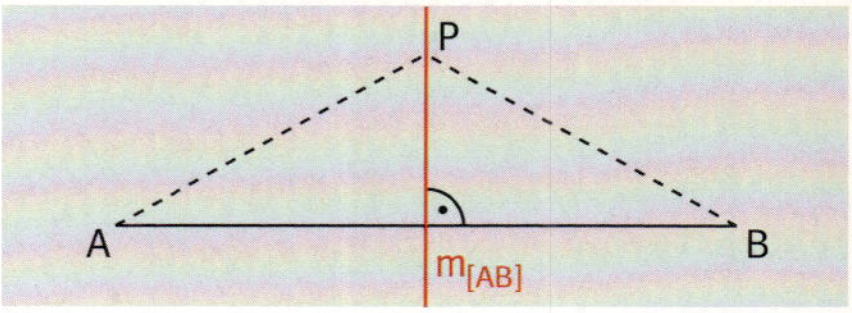

Winkelhalbierendenpaar

Das Winkelhalbierendenpaar $w_1 \cup w_2$ von zwei sich schneidenden Geraden g_1 und g_2 ist der Ortsbereich für alle Punkte P, die von g_1 und g_2 den gleichen Abstand haben.

$w_1 \cup w_2 = \{P \mid d(P; g_1) = d(P; g_2)\}$

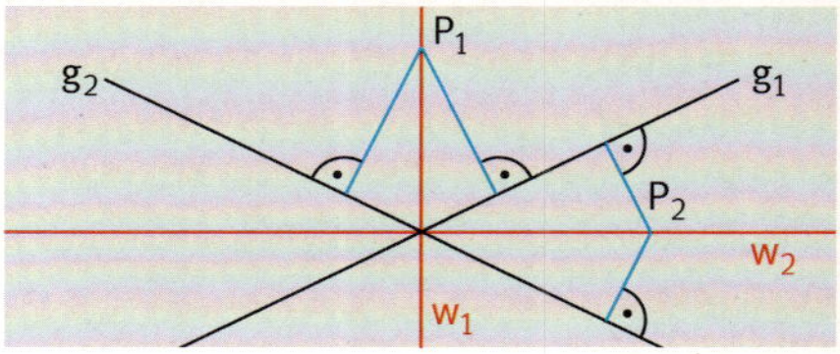

Mittelparallele

Die Mittelparallele m zu zwei parallelen Geraden g_1 und g_2 ist die Ortslinie für alle Punkte P, die von g_1 und g_2 den gleichen Abstand haben.

$m = \{P \mid d(P; g_1) = d(P; g_2)\}$

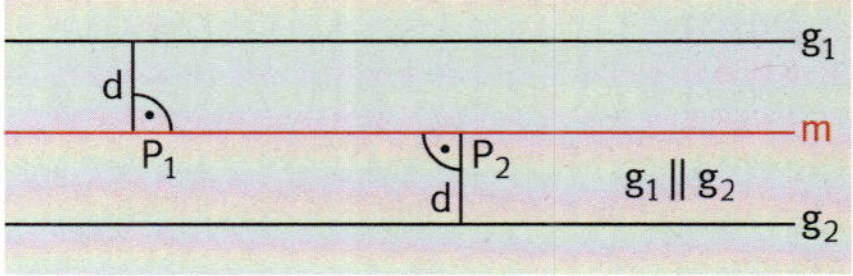

Parallelenpaar

Das Parallelenpaar $p_1 \cup p_2$ zu einer Geraden g im Abstand a ist der Ortsbereich für alle Punkte P, die von g den Abstand a haben.
$p_1 \cup p_2 = \{P \mid d(P; g) = a\}$

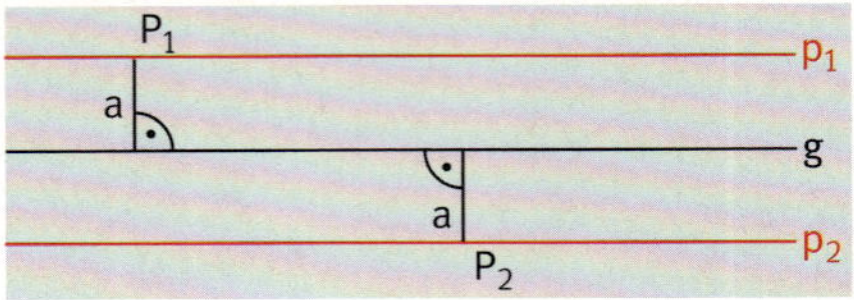

Parallelenstreifen

Alle Punkte P, die von einer Geraden g einen Abstand kleiner oder kleinergleich a haben, liegen im Parallelenstreifen S, der vom Parallelenpaar $p_1 \cup p_2$ begrenzt wird.

$S = \{P \mid d(P; g) \leqq a\}$ (mit Randgeraden)
$S = \{P \mid d(P; g) < a\}$ (ohne Randgeraden)

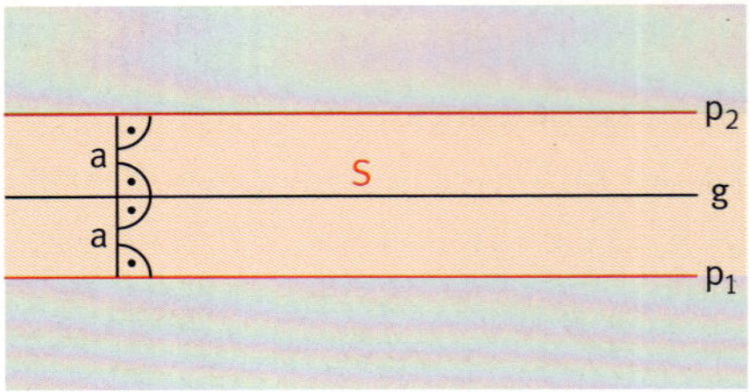

Kreis des Thales

Der Kreis mit dem Durchmesser [AB] ist die Ortslinie für alle Punkte P, von denen aus die Strecke [AB] unter einem rechten Winkel erscheint.
Die Punkte A und B gehören nicht zur Ortslinie.

$k_{Th} = \{P \mid \sphericalangle APB = 90° \vee \sphericalangle BPA = 90°\}$

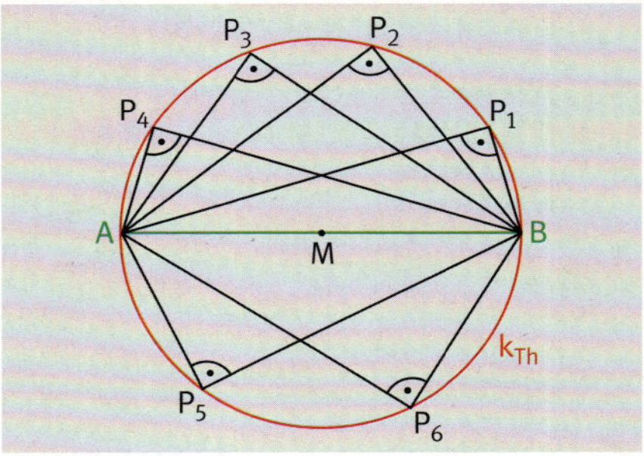

Kreis

Kreis	k(M; r)
Radius	r
Durchmesser	d = 2r
Mittelpunkt	M

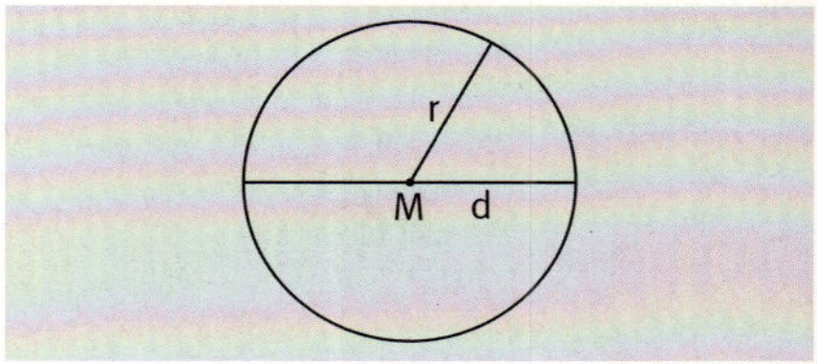

Kreis und Gerade

Sekante g	$g \cap k = \{A; B\}$
Sehne [AB]	$\overline{AB} = s$
Zentrale z	$M \in z$
Passante h	$h \cap k = \emptyset$
Tangente t	$t \cap k = \{T\}$ mit $MT \perp t$

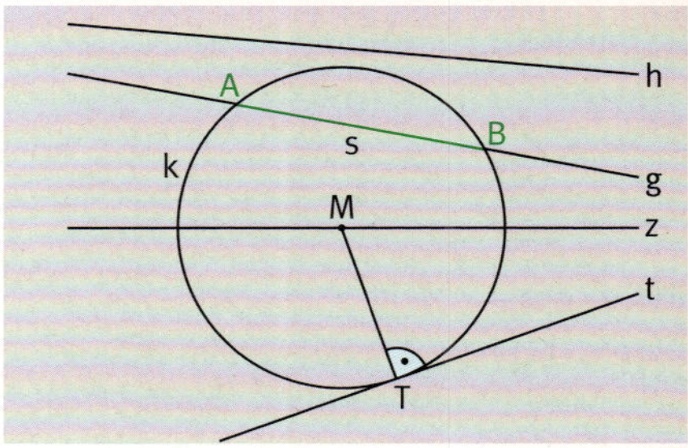

Rand- und Mittelpunktswinkel

Für alle Randwinkel φ und den dazugehörigen Mittelpunktswinkel μ über demselben Kreisbogen gilt folgender Zusammenhang:

$\varphi = \frac{\mu}{2}$

Spezialfall
Satz des Thales ($\varphi = 90°$; $\mu = 180°$)

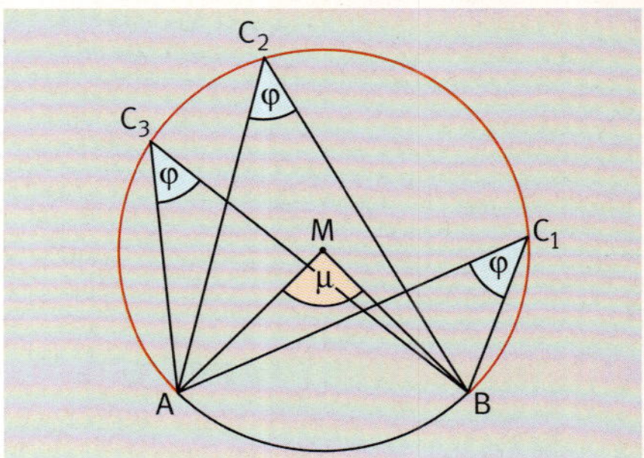

Berechnungen am Kreis

Umfang $u = 2\,r\,\pi$

Bogenlänge $b = \frac{\alpha}{360°}\,2\,r\,\pi$

Flächeninhalt $A = r^2\,\pi$

Sektorflächeninhalt

$$A_{Sek} = \frac{\alpha}{360°}\,r^2\,\pi = \frac{br}{2}$$

Segmentflächeninhalt

$$A_{Seg} = A_{Sek} - A_{\Delta MAB}$$

$$= \frac{\alpha}{360°}\,r^2\,\pi - \frac{r^2 \sin\alpha}{2}$$

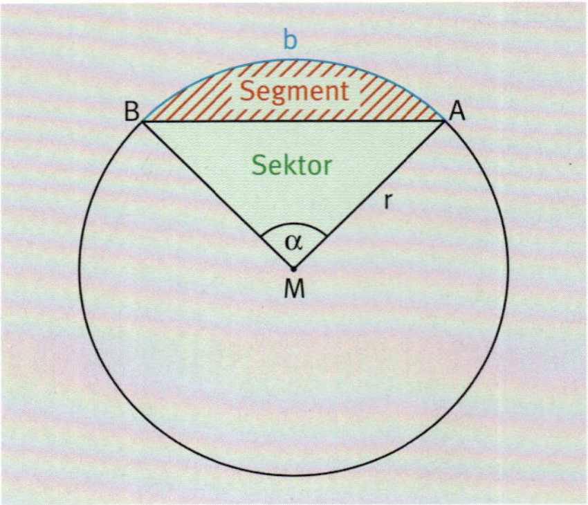

Kreiszahl

Eine exakte (endliche) Dezimaldarstellung von π existiert nicht, da die Dezimalfolge nicht-abbrechend und nicht-periodisch ist.

$$\pi \approx 3{,}141592654$$

Vektorbegriff

Die Menge aller durch eine Parallelverschiebung festgelegten, parallelen, gleich langen und gleich orientierten Pfeile $\overrightarrow{P_nP_n'}$ heißt **Vektor** $\vec{v}$.

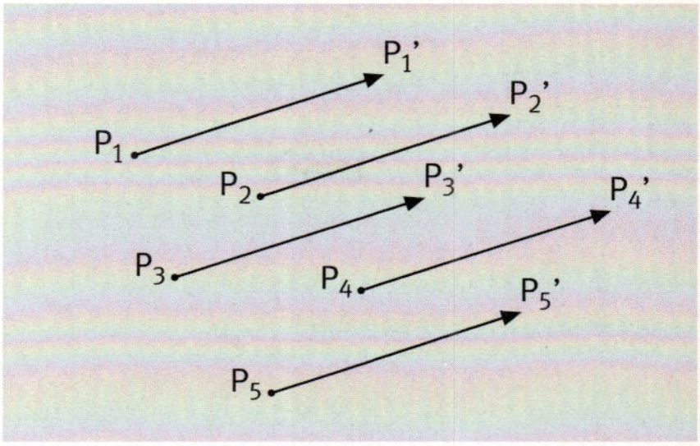

$\vec{v} = \{\overrightarrow{P_1P_1'}; \overrightarrow{P_2P_2'}; \ldots\}$

Jeder Pfeil $\overrightarrow{P_nP_n'} \in \vec{v}$ ist **Repräsentant** (Vertreter) des Vektors $\vec{v}$.

Darstellung von Vektoren im Koordinatensystem

Vektorkoordinaten

$\vec{v} = \begin{pmatrix} v_x \\ v_y \end{pmatrix}$

v_x ist die x-Koordinate,
v_y ist die y-Koordinate von $\vec{v}$.

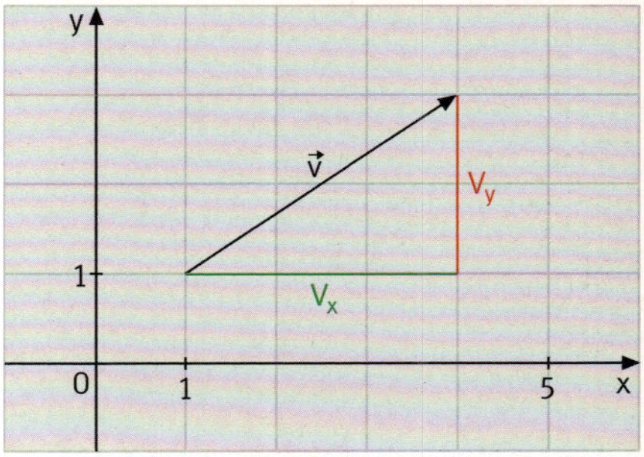

Berechnung der Vektorkoordinaten

$\vec{v} = \begin{pmatrix} x_S - x_F \\ y_S - y_F \end{pmatrix}$

↑ ↑

Spitze – Fuß

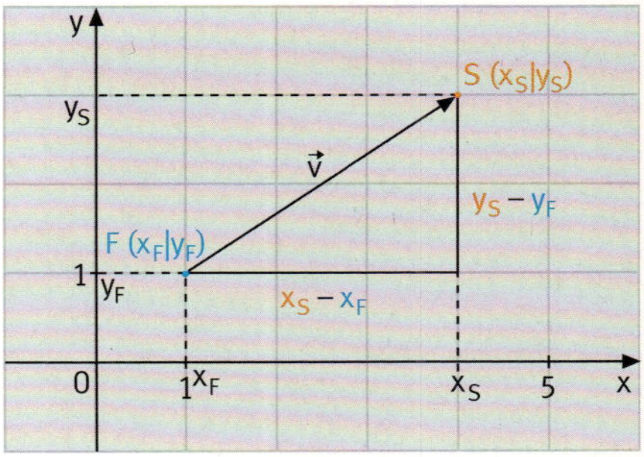

Gleichheit von Vektoren

Zwei Vektoren $\vec{a}$ und $\vec{b}$ sind genau dann gleich, wenn sie die gleichen Koordinaten besitzen.

Ortspfeil (Ortsvektor)

Jeder Vektor besitzt einen Repräsentanten, bei dem der Fußpunkt im Ursprung liegt. Dieser Pfeil ist der Ortspfeil (Ortsvektor) zum Vektor.

$\overrightarrow{OP} = \begin{pmatrix} x_P \\ y_P \end{pmatrix}$ P $(x_P | y_P)$

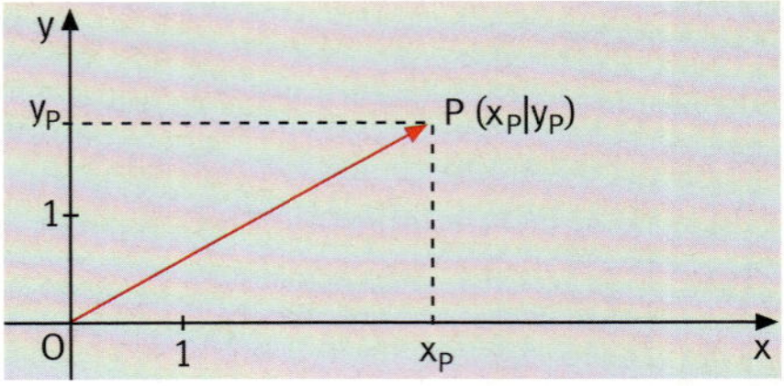

Vektor und Gegenvektor

Zu jedem Vektor $\vec{v}$ gibt es einen Gegenvektor $\vec{v^*}$. Dieser ist zum Vektor $\vec{v}$ parallel und gleich lang. Er ist jedoch entgegengesetzt orientiert. Es gilt:

$\vec{v^*} = \begin{pmatrix} -v_x \\ -v_y \end{pmatrix}$ und $|\vec{v}| = |\vec{v^*}|$

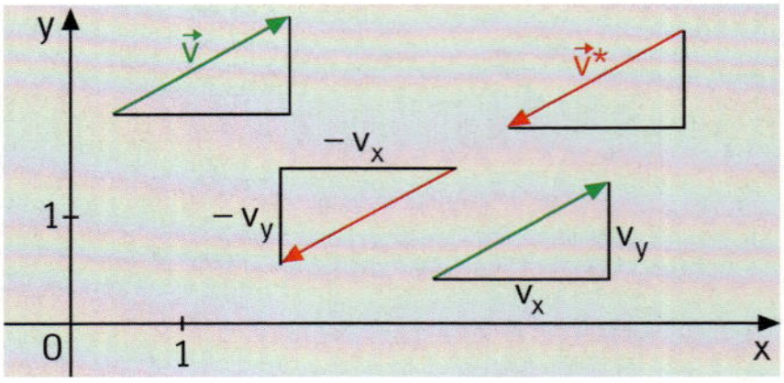

Betrag (Länge) eines Vektors

Für die Länge $|\vec{a}|$ eines durch die Punkte A und B gegebenen Vektors $\vec{a}$ gilt:

$$|\vec{a}| = \overline{AB} = \sqrt{a_x^2 + a_y^2} \text{ LE}$$
$$= \sqrt{(x_B - x_A)^2 + (y_B - y_A)^2} \text{ LE}$$

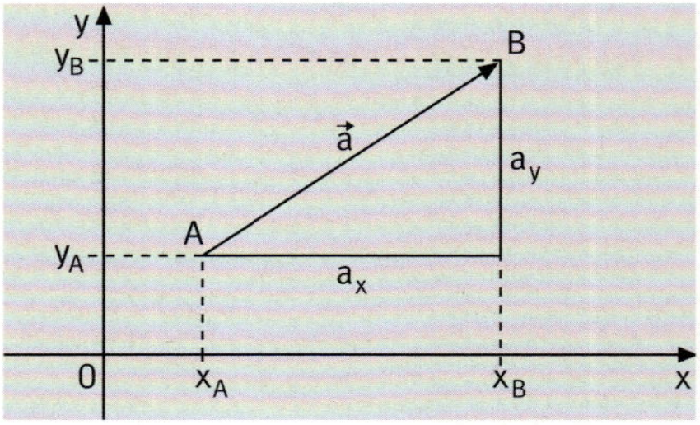

Vektoraddition

$\vec{c} = \vec{a} \oplus \vec{b} = \begin{pmatrix} a_x \\ a_y \end{pmatrix} \oplus \begin{pmatrix} b_x \\ b_y \end{pmatrix} = \begin{pmatrix} a_x + b_x \\ a_y + b_y \end{pmatrix}$

Kommutativgesetz

$\vec{a} \oplus \vec{b} = \vec{b} \oplus \vec{a}$

Assoziativgesetz

$\vec{a} \oplus (\vec{b} \oplus \vec{c}) = (\vec{a} \oplus \vec{b}) \oplus \vec{c}$

Nullvektor

Der Vektor mit der Länge 0 LE heißt Nullvektor $\vec{0} = \begin{pmatrix} 0 \\ 0 \end{pmatrix}$ Es gilt: $\vec{v} \oplus \vec{v^*} = \vec{0}$

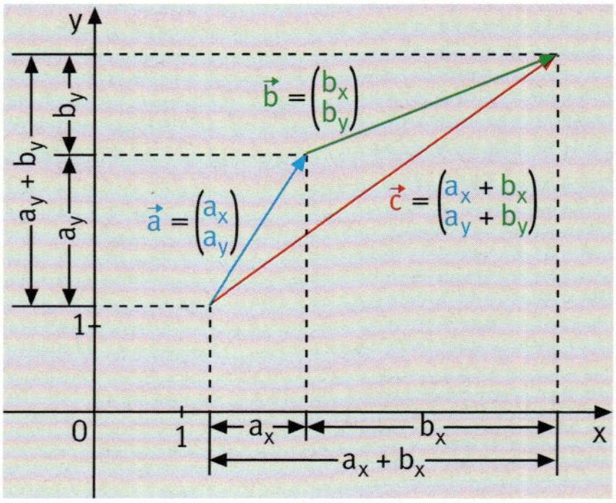

S-Multiplikation

Multipliziert man einen Vektor mit einer Zahl $k \in \mathbb{R} \setminus \{0\}$, so spricht man von Skalar- oder S-Multiplikation.

$\vec{a}' = k \cdot \vec{a} = k \cdot \begin{pmatrix} a_x \\ a_y \end{pmatrix} = \begin{pmatrix} k \cdot a_x \\ k \cdot a_y \end{pmatrix}$

$\vec{a}'$ ist parallel zu $\vec{a}$ und hat die $|k|$-fache Länge von $\vec{a}$.

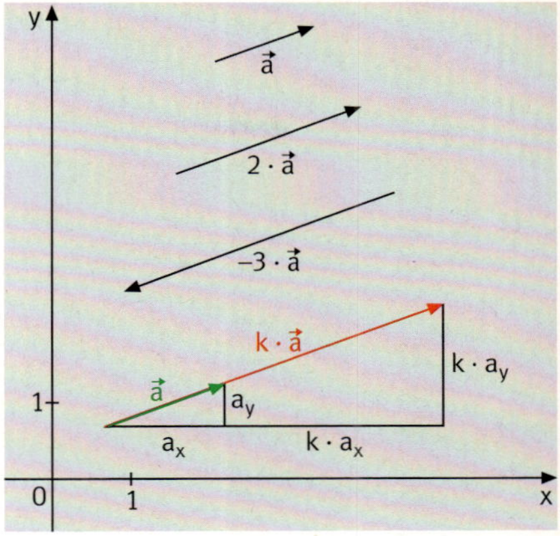

Orientierung von $k \cdot \vec{a}$

$k > 0$: gleiche Orientierung wie $\vec{a}$

$k < 0$: entgegengesetzte Orientierung wie $\vec{a}$

Gegenvektor $\vec{v}^{*} = (-1) \cdot \vec{v}$

Mittelpunkt M einer Strecke

Für den Ortspfeil $\vec{m}$ des Mittelpunkts einer Strecke [AB] gilt:

$\vec{m} = \begin{pmatrix} x_M \\ y_M \end{pmatrix} = \frac{1}{2}\left(\vec{a} \oplus \vec{b}\right) = \frac{1}{2}\left[\begin{pmatrix} x_A \\ y_A \end{pmatrix} \oplus \begin{pmatrix} x_B \\ y_B \end{pmatrix}\right]$

$M_{[AB]}\left(\frac{x_A + x_B}{2} \middle| \frac{y_A + y_B}{2}\right)$

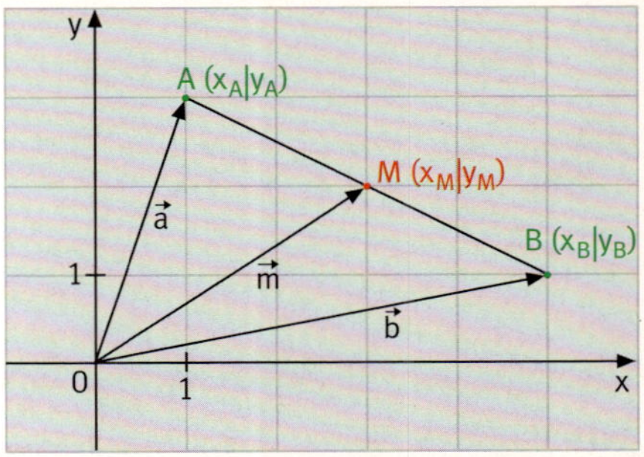

Skalarprodukt ($0° \leqq \varphi \leqq 180°$)

Für das Skalarprodukt zweier Vektoren $\vec{a}$ und $\vec{b}$ gilt:

$\vec{a} \odot \vec{b} = |\vec{a}| \cdot |\vec{b}| \cdot \cos\varphi$

$\vec{a} \odot \vec{b} = \begin{pmatrix} a_x \\ a_y \end{pmatrix} \odot \begin{pmatrix} b_x \\ b_y \end{pmatrix} = a_x \cdot b_x + a_y \cdot b_y$

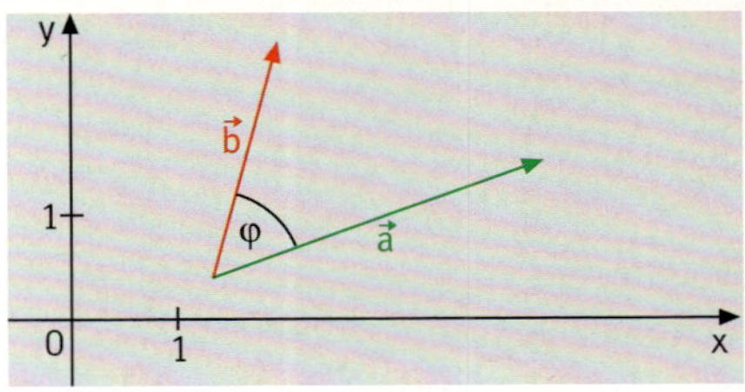

Winkel zwischen zwei Vektoren

Für den Winkel φ zwischen zwei Vektoren $\vec{a}$ und $\vec{b}$ gilt:

$$\cos \varphi = \frac{\vec{a} \odot \vec{b}}{|\vec{a}| \cdot |\vec{b}|} \qquad |\vec{a}|, |\vec{b}| \neq 0$$

$$\cos \varphi = \frac{a_x \cdot b_x + a_y \cdot b_y}{\sqrt{a_x^2 + a_y^2} \cdot \sqrt{b_x^2 + b_y^2}}$$

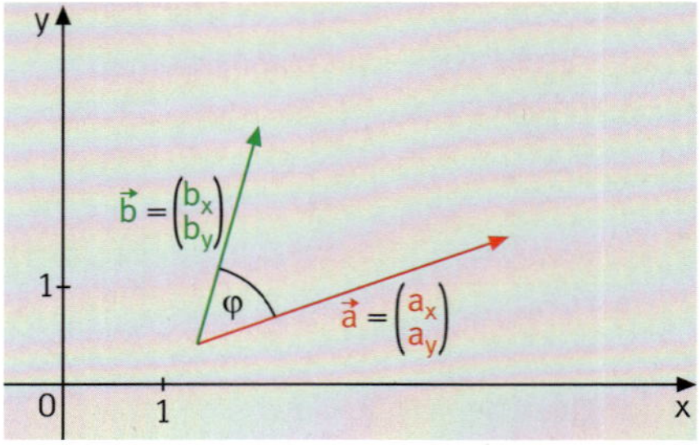

Orthogonalität von Vektoren

Für $\vec{a} \neq 0$ und $\vec{b} \neq 0$ gilt:

$$\vec{a} \odot \vec{b} = 0 \Leftrightarrow \vec{a} \perp \vec{b}$$

Drehung von $\overrightarrow{OP} = \begin{pmatrix} x_P \\ y_P \end{pmatrix}$ um $\varphi = 90°$:

$$\overrightarrow{OP'} = \begin{pmatrix} -y_P \\ x_P \end{pmatrix}$$

Drehung von $\overrightarrow{OP} = \begin{pmatrix} x_P \\ y_P \end{pmatrix}$ um $\varphi = -90°$:

$$\overrightarrow{OP''} = \begin{pmatrix} y_P \\ -x_P \end{pmatrix}$$

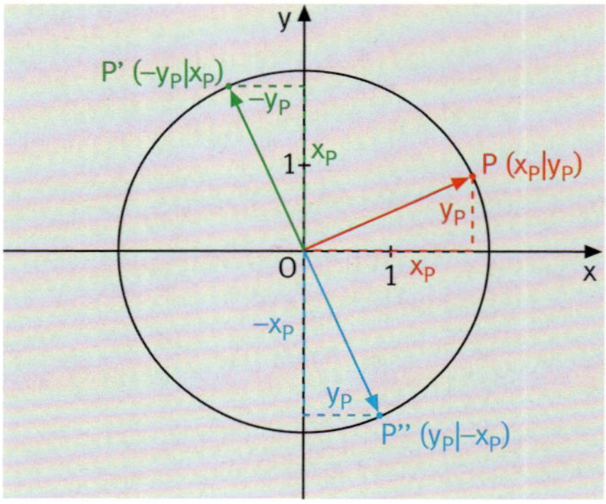

Flächeninhalt von Parallelogramm und Dreieck

Parallelogramm

$$A = \begin{vmatrix} a_x & b_x \\ a_y & b_y \end{vmatrix} \text{ FE} = (a_x \cdot b_y - a_y \cdot b_x) \text{ FE}$$

Dreieck

$$A = \frac{1}{2} \begin{vmatrix} a_x & b_x \\ a_y & b_y \end{vmatrix} \text{ FE} = \frac{1}{2} (a_x \cdot b_y - a_y \cdot b_x) \text{ FE}$$

Bei diesem Verfahren ist die Reihenfolge der Vektoren zu beachten.

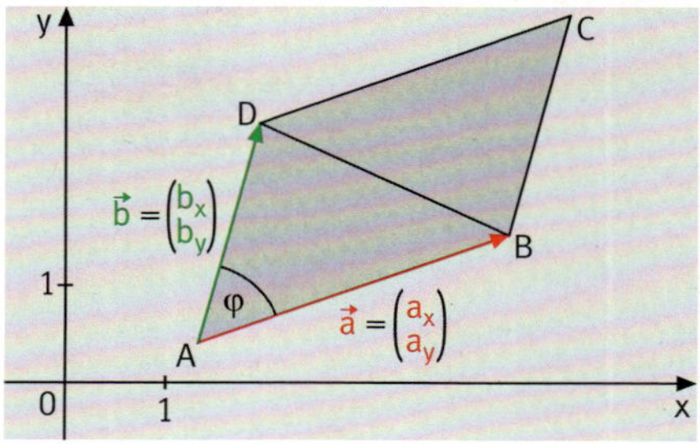

Abhängigkeiten zwischen Größen im Dreieck (vgl. S. 49)

Winkel im Dreieck

1. Die Summe der Maße der Innenwinkel im Dreieck beträgt 180°.
   $\alpha + \beta + \gamma = 180°$

2. Die Summe der Maße der Außenwinkel im Dreieck beträgt 360°.
   $\alpha' + \beta' + \gamma' = 360°$

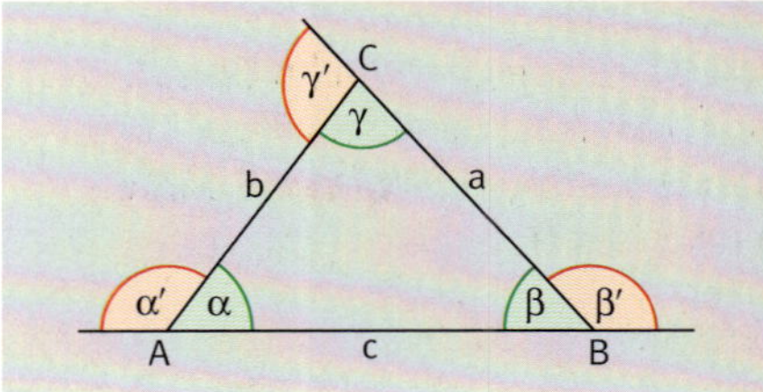

Seiten-Winkel-Beziehung

Im Dreieck liegt der größeren von zwei Seiten der größere Winkel gegenüber; umgekehrt liegt auch dem größeren zweier Winkel die größere Seite gegenüber.

$\alpha > \beta \Leftrightarrow a > b$

$\alpha = \beta \Leftrightarrow a = b$

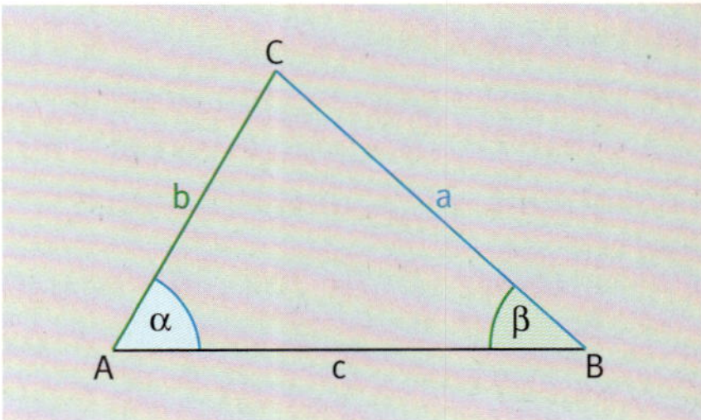

Dreiecksungleichungen

Im Dreieck ist die Länge einer Dreiecksseite stets kleiner als die Summe und größer als die Differenz der anderen beiden Seitenlängen.

$a < b + c \qquad a > |b - c|$

$b < a + c \qquad b > |a - c|$

$c < a + b \qquad c > |a - b|$

Flächeninhalt eines Dreiecks

Für die Berechnung des Flächeninhalts eines Dreiecks stehen verschiedene Formeln zur Verfügung. Sie gelten analog für die Verwendung von anderen Seiten.

$A = \frac{1}{2} c \cdot h_c$

$A = \frac{1}{2} a \cdot b \cdot \sin \gamma$

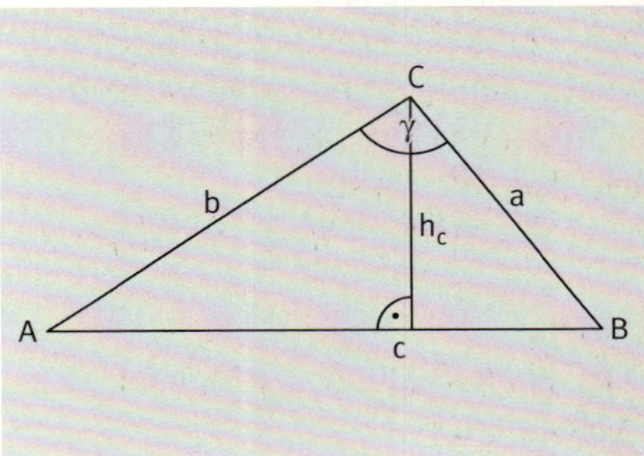

Besondere Linien im Dreieck

Mittelsenkrechte

Die Mittelsenkrechten im Dreieck schneiden sich in einem Punkt M_u. Der Schnittpunkt M_u ist der Mittelpunkt des Umkreises $k(M_u; r_u)$.

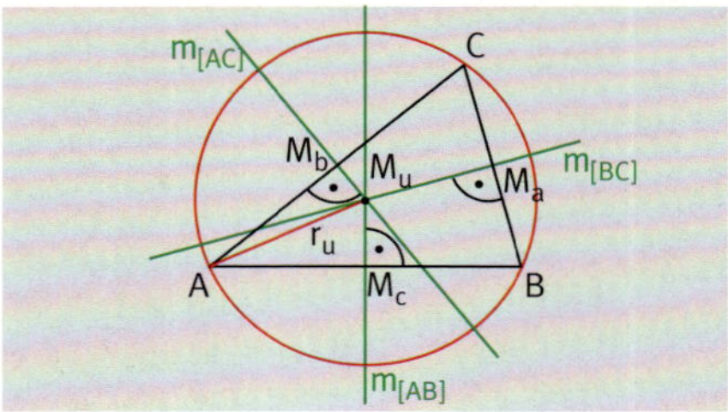

Winkelhalbierende

Die Winkelhalbierenden im Dreieck schneiden sich in einem Punkt M_i. Der Schnittpunkt M_i ist der Mittelpunkt des Inkreises $k(M_i; r_i)$.

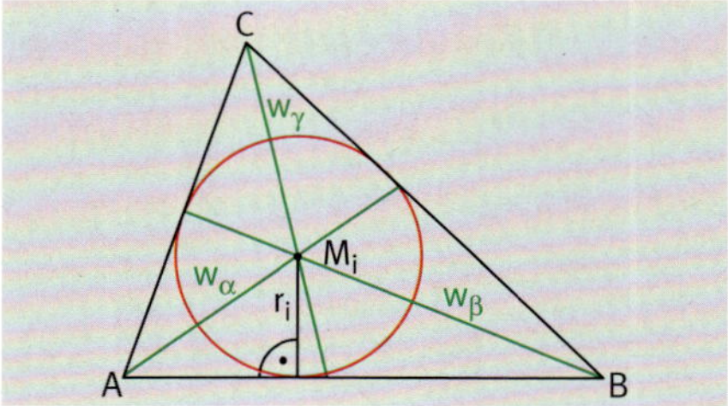

Seitenhalbierende/Schwerpunkt

Die Seitenhalbierenden (Verbindungsstrecke vom Eckpunkt zum Mittelpunkt der gegenüberliegenden Seite) im Dreieck schneiden sich in einem Punkt S.
Der Schnittpunkt S ist der Schwerpunkt des Dreiecks.
Der Schwerpunkt S des Dreiecks teilt jede Seitenhalbierende im Verhältnis 2 : 1. Der größere Abschnitt liegt jeweils an der Ecke.
$\overline{AS} : \overline{SM_a} = \overline{BS} : \overline{SM_b} = \overline{CS} : \overline{SM_c} = 2 : 1$

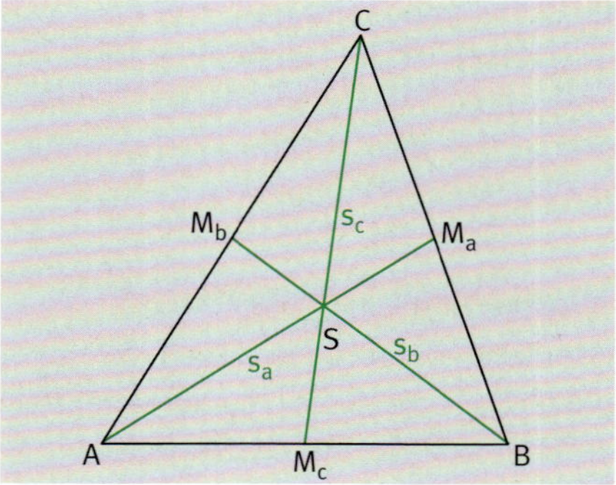

Höhen

Die Höhen im Dreieck schneiden sich in einem Punkt.

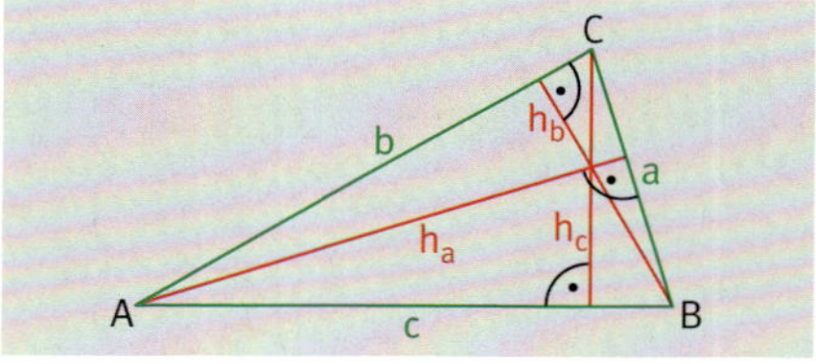

Besondere Dreiecke

Gleichschenkliges Dreieck

Basis: [AB]
Schenkel: [AC], [BC]

Die Schenkel sind gleich lang: $a = b$
Die Basiswinkel sind gleich groß: $\alpha = \beta$

Die Symmetrieachse halbiert die Basis und den Winkel an der Spitze.

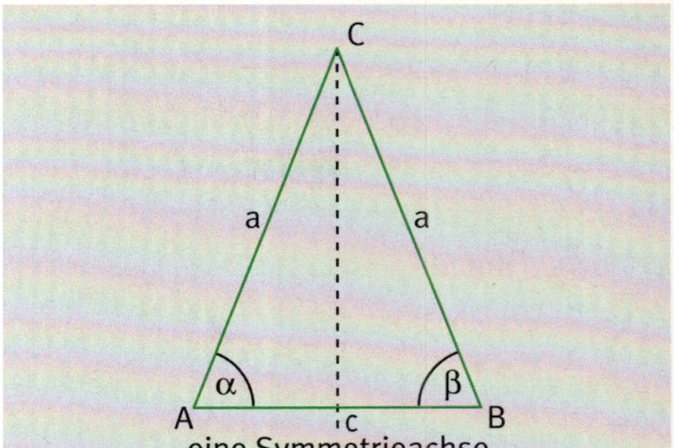

eine Symmetrieachse

Gleichseitiges Dreieck

Alle Seiten sind gleich lang:
$\overline{AB} = \overline{BC} = \overline{CA} = a$
Alle Winkel sind gleich groß:
$\alpha = \beta = \gamma = 60°$

Länge der Höhe: $h = \frac{a}{2}\sqrt{3}$

Flächeninhalt: $A = \frac{a^2}{4}\sqrt{3}$

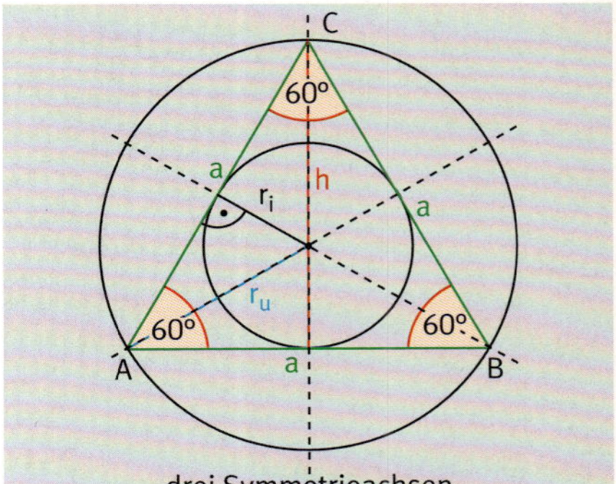

drei Symmetrieachsen

Rechtwinkliges Dreieck

Für $\gamma = 90°$:

Hypotenuse:	[AB]
Katheten:	[AC], [BC]
Hypotenusenabschnitte:	[AH], [HB]
Höhe:	[CH]

Flächeninhalt: $A = \frac{1}{2} a \cdot b = \frac{1}{2} c \cdot h_c$

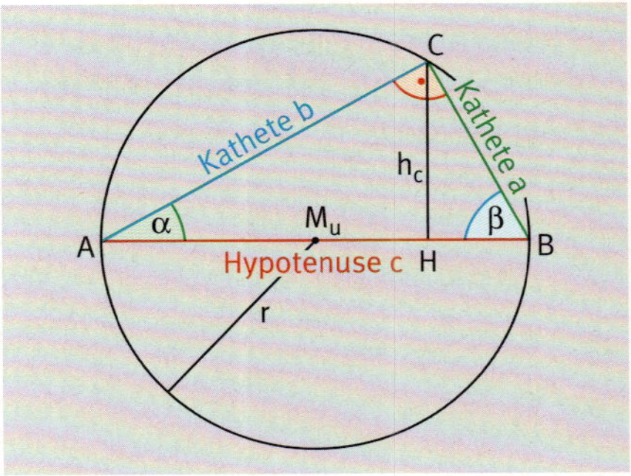

Flächensätze im rechtwinkligen Dreieck

Höhensatz

In einem rechtwinkligen Dreieck ist das Quadrat über der zur Hypotenuse gehörenden Höhe h flächengleich dem Rechteck aus den beiden Hypotenusenabschnitten.

$h^2 = p \cdot q$

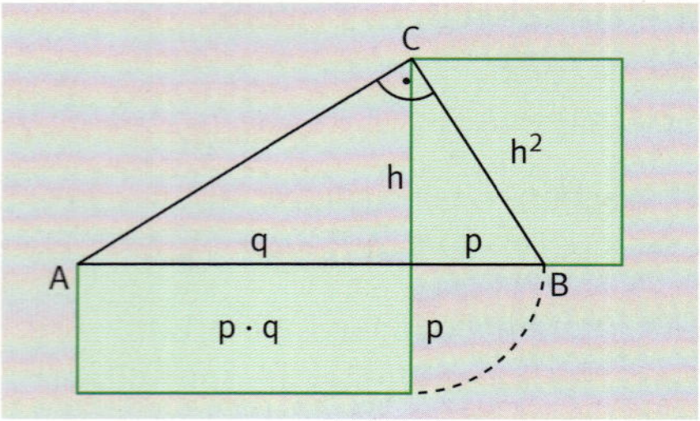

Kathetensatz

In einem rechtwinkligen Dreieck ist das Quadrat über einer Kathete flächengleich dem Rechteck aus Hypotenuse und zugehörigem Hypotenusenabschnitt.

$a^2 = p \cdot c$

$b^2 = q \cdot c$

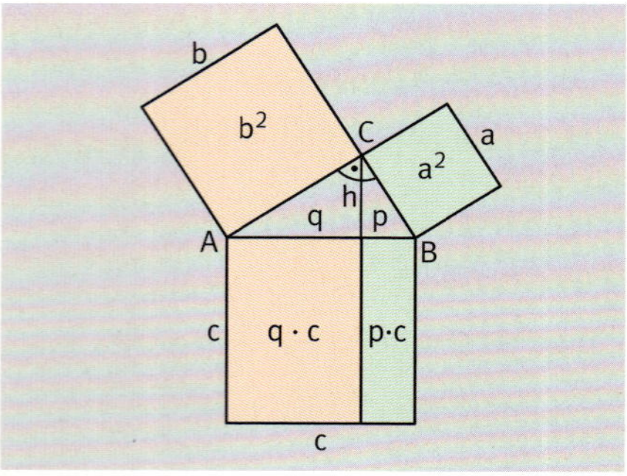

Satz des Pythagoras

In einem rechtwinkligen Dreieck ist die Summe der Flächeninhalte der Kathetenquadrate genauso groß wie der Flächeninhalt des Quadrats über der Hypotenuse.

$a^2 + b^2 = c^2$

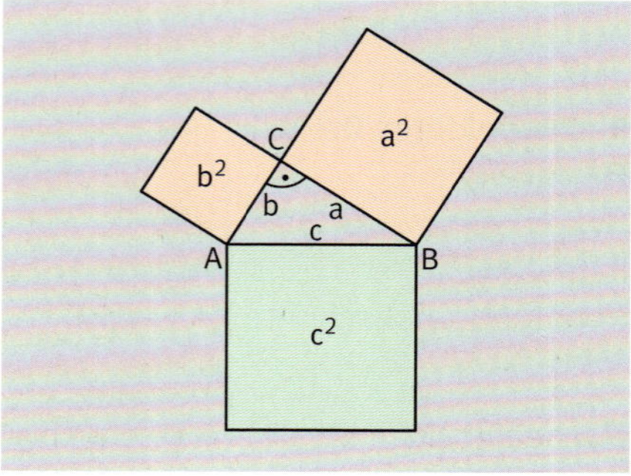

Schwerpunkt eines Dreiecks im Koordinatensystem

Für den Schwerpunkt S ($x_S | y_S$) eines Dreiecks ABC gilt:

$$\begin{pmatrix} x_S \\ y_S \end{pmatrix} = \frac{1}{3} \left[\begin{pmatrix} x_A \\ y_A \end{pmatrix} \oplus \begin{pmatrix} x_B \\ y_B \end{pmatrix} \oplus \begin{pmatrix} x_C \\ y_C \end{pmatrix} \right]$$

$$S \left(\frac{x_A + x_B + x_C}{3} \middle| \frac{y_A + y_B + y_C}{3} \right)$$

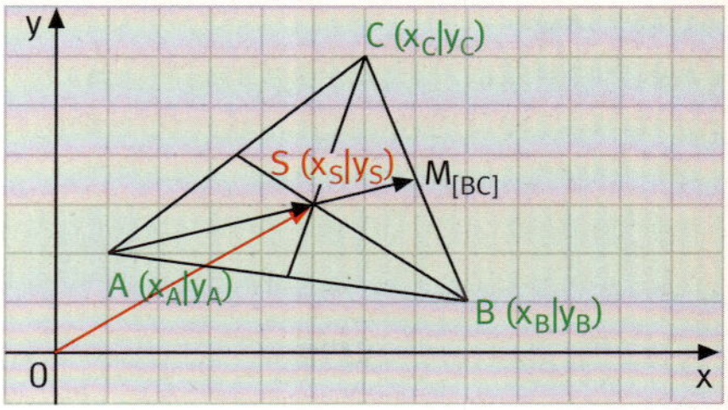

Flächeninhalt eines Dreiecks im Koordinatensystem

$$A = \frac{1}{2} \begin{vmatrix} a_x & b_x \\ a_y & b_y \end{vmatrix} \text{ FE}$$

$$= \frac{1}{2} (a_x \cdot b_y - a_y \cdot b_x) \text{ FE}$$

Bei diesem Verfahren ist die Reihenfolge der Vektoren zu beachten.

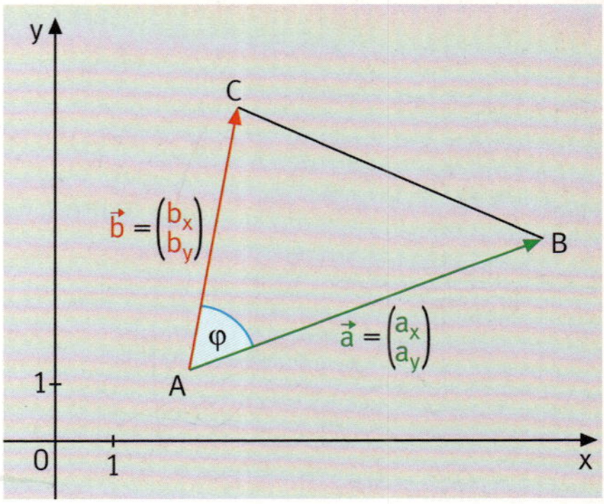

Sätze zur Berechnung im allgemeinen Dreieck

Sinussatz

$$\frac{a}{\sin \alpha} = \frac{b}{\sin \beta} = \frac{c}{\sin \gamma}$$

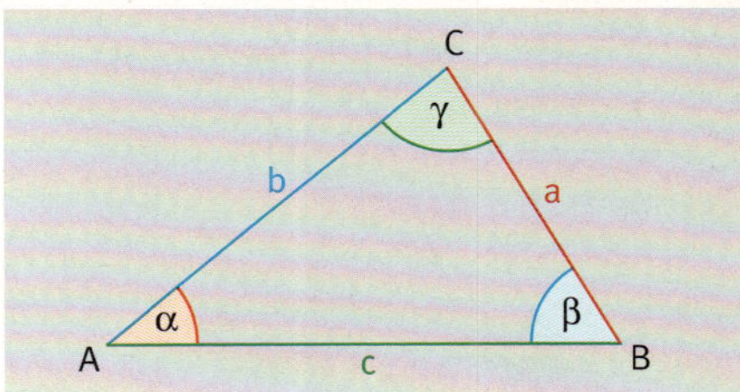

Kosinussatz

Der Kosinussatz ist eine Verallgemeinerung des Satzes von Pythagoras für nicht-rechtwinklige Dreiecke:

$c^2 = a^2 + b^2 - 2 \cdot a \cdot b \cdot \cos \gamma$

Für $\gamma = 90°$, d.h. $\cos \gamma = 0$, erhält man den Satz des Pythagoras: $a^2 + b^2 = c^2$

Kongruenzsätze am Dreieck

Kongruenz
Zwei Figuren heißen kongruent (deckungsgleich), wenn sie sich durch eine oder mehrere Kongruenzabbildungen aufeinander abbilden lassen.

Kongruenzsatz	Dreiecke sind kongruent, wenn sie übereinstimmen in …	Skizze
sss	der Länge dreier Seiten.	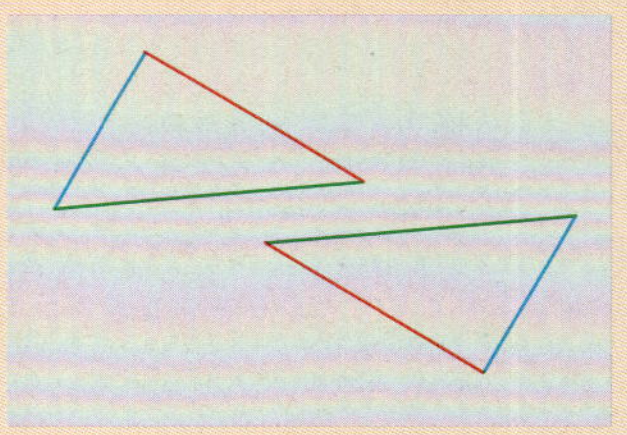
sws	der Länge zweier Seiten und dem Maß des Zwischenwinkels.	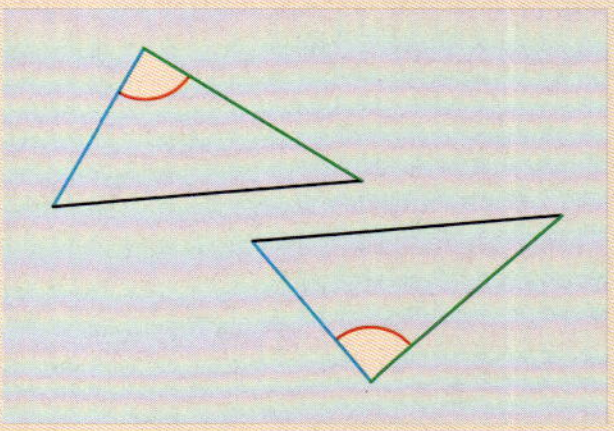
ssw_g	der Länge zweier Seiten und dem Maß des Gegenwinkels der größeren von beiden Seiten.	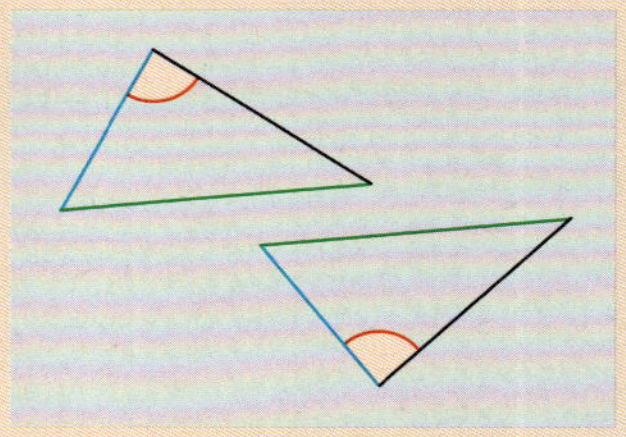
wsw oder sww	der Länge einer Seite und dem Maß von zwei Winkeln.	

Ähnlichkeitssätze am Dreieck

Ähnlichkeit

Zwei Figuren heißen ähnlich (formgleich), wenn sie durch zentrische Streckung in kongruente Figuren überführt werden können.

Ähnlichkeitssatz	Dreiecke sind ähnlich, wenn sie übereinstimmen im ...	Skizze
sss	Verhältnis dreier Seiten.	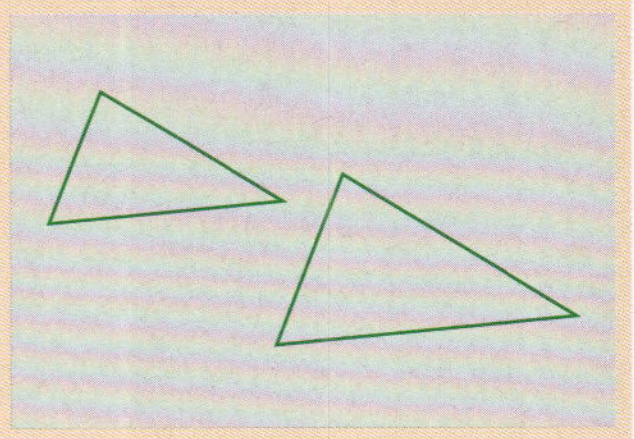
sws	Verhältnis zweier Seitenlängen und dem Maß des Zwischenwinkels.	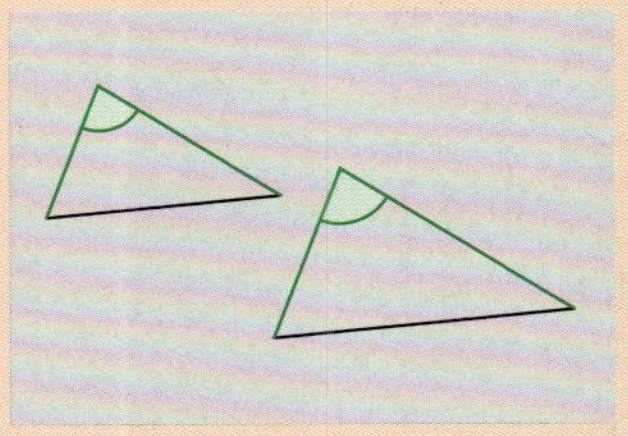
ssw_g	Verhältnis zweier Seitenlängen und dem Maß des Gegenwinkels der größeren von beiden Seiten.	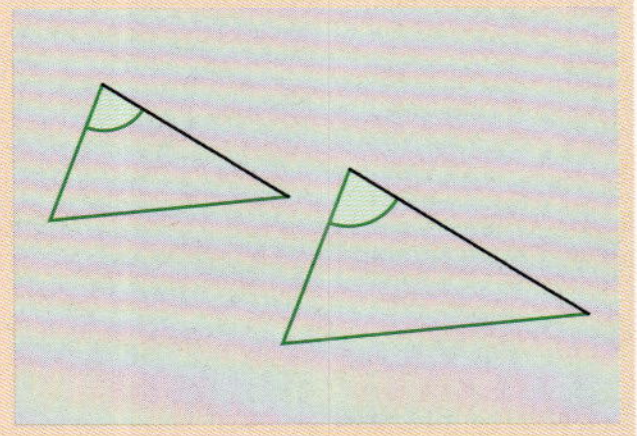
ww	Maß von zwei Winkeln.	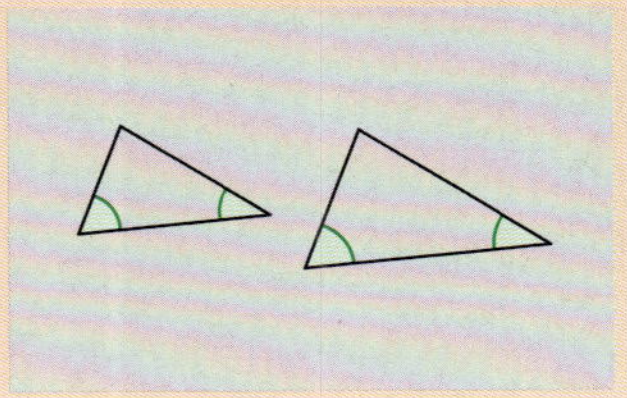

Allgemeines Viereck

Seitenlängen
$\overline{AB} = a$; $\overline{BC} = b$; $\overline{CD} = c$; $\overline{DA} = d$

Winkelsumme $\alpha + \beta + \gamma + \delta = 360°$

Diagonalenlänge $\overline{AC} = e$; $\overline{BD} = f$

Bestimmungsstücke
Man benötigt fünf voneinander unabhängige Bestimmungsstücke.

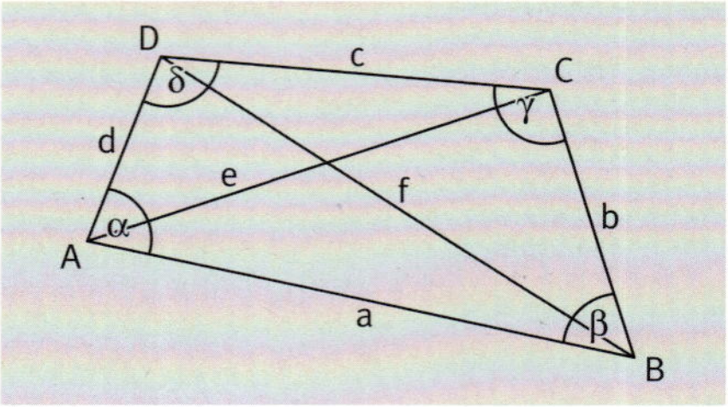

Sehnenviereck

Ein Viereck mit einem Umkreis heißt Sehnenviereck.

Winkel $\alpha + \gamma = 180°$
$\beta + \delta = 180°$

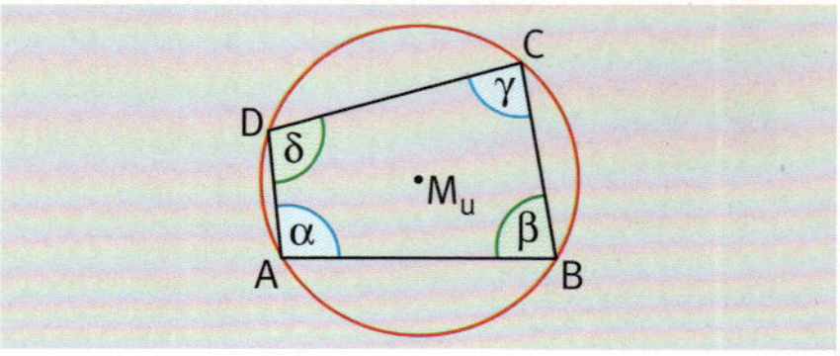

Tangentenviereck

Ein Viereck mit einem Inkreis heißt Tangentenviereck.

Seiten $a + c = b + d$

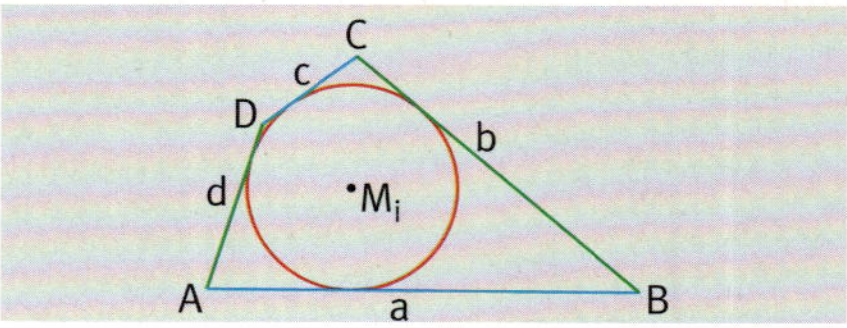

Allgemeines Trapez

Grundlinie a, c, [AB] ‖ [CD]

Höhe h

Mittellinie $m = \frac{a+c}{2}$

Umfang $u = a + b + c + d$

Flächeninhalt $A = m \cdot h = \frac{a+c}{2} \cdot h$

Symmetrie keine

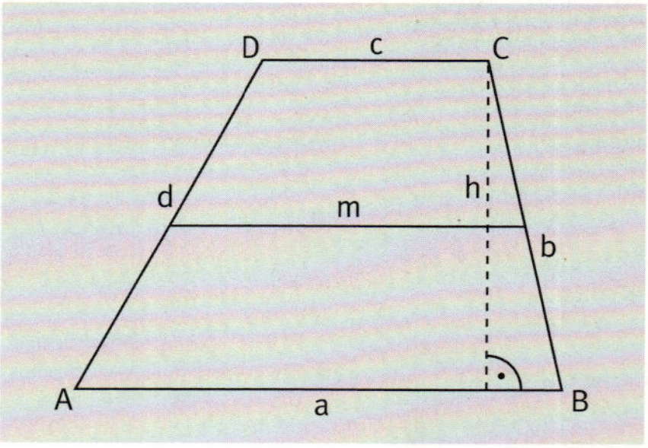

Gleichschenkliges Trapez

Grundlinie a, c, [AB] || [CD]

Schenkel b = d

Diagonalen e = f

Umfang u = a + 2b + c

Flächeninhalt $A = m \cdot h = \frac{a + c}{2} \cdot h$

Symmetrie lotsymmetrisch

Sonderfälle Rechteck, Quadrat

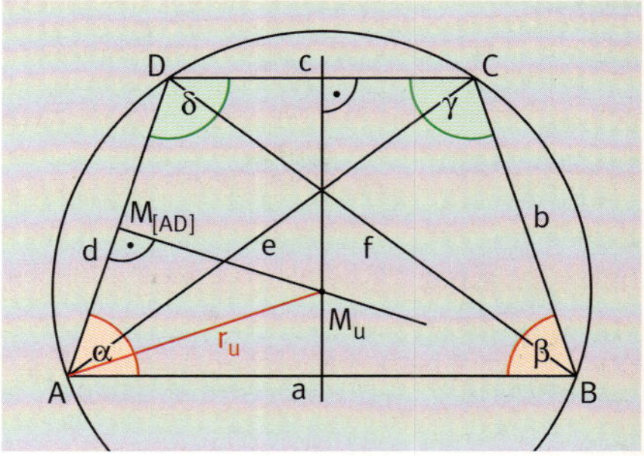

Drachenviereck

Seiten a = d c = b

Winkel β = δ

Diagonalen [AC] ⊥ [BD]

Umfang u = 2 (a + b)

Flächeninhalt $A = \frac{1}{2} \cdot e \cdot f$

Symmetrie diagonalsymmetrisch

Sonderfälle Raute, Quadrat

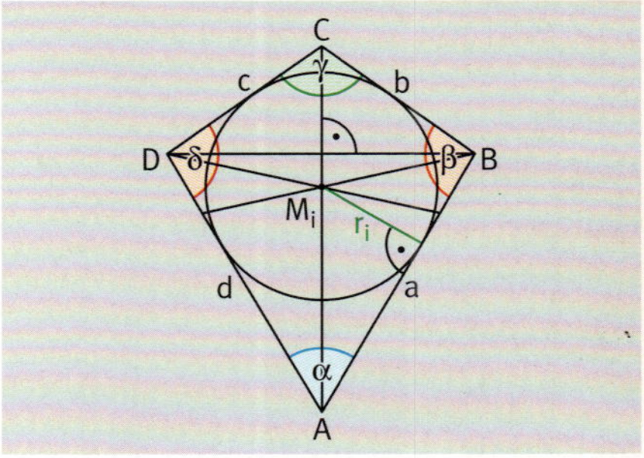

Parallelogramm

Seiten a = c b = d
[AB] || [CD] [BC] || [DA]

Winkel $\alpha = \gamma$ $\beta = \delta$
$\Rightarrow \alpha + \beta = \gamma + \delta = 180°$

Umfang u = 2 (a + b)

Flächeninhalt $A = a \cdot h_a$

Symmetrie punktsymmetrisch

Sonderfälle Raute, Rechteck, Quadrat

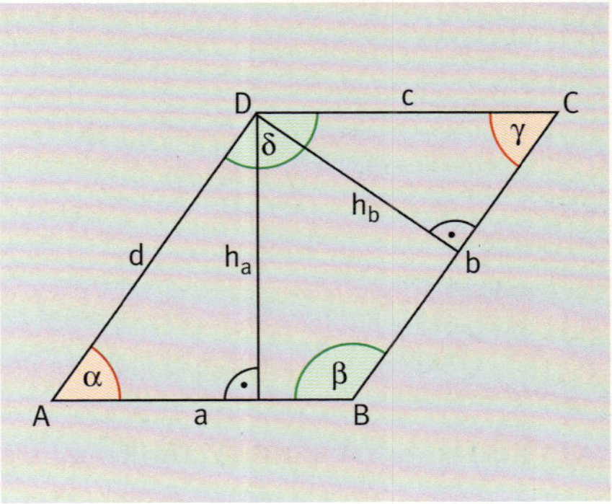

Raute

Seiten	$a = b = c = d$
Winkel	$\alpha = \gamma \qquad \beta = \delta$ $\Rightarrow \alpha + \beta = \gamma + \delta = 180°$
Diagonalen	$[AC] \perp [BD]$
Umfang	$u = 2\,(a + b)$
Inkreisradius	$r_i = \frac{1}{2}\, e \cdot \sin \frac{\alpha}{2}$
Flächeninhalt	$A = \frac{1}{2} \cdot e \cdot f$
Symmetrie	punkt- und diagonal-symmetrisch
Sonderfall	Quadrat

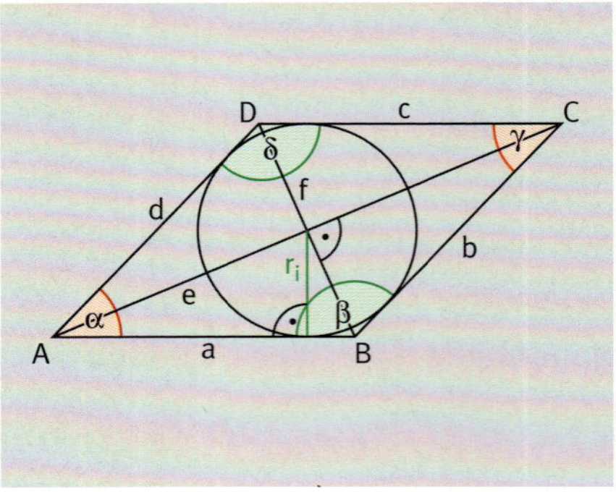

Rechteck

Seiten	$a = c \qquad b = d$
Winkel	$\alpha = \beta = \gamma = \delta = 90°$
Diagonalen	$e = f = \sqrt{a^2 + b^2}$
Umfang	$u = 2\,(a + b)$
Umkreisradius	$r_u = \frac{1}{2}\, e$
Flächeninhalt	$A = a \cdot b$
Symmetrie	punkt-, lotsymmetrisch
Sonderfall	Quadrat

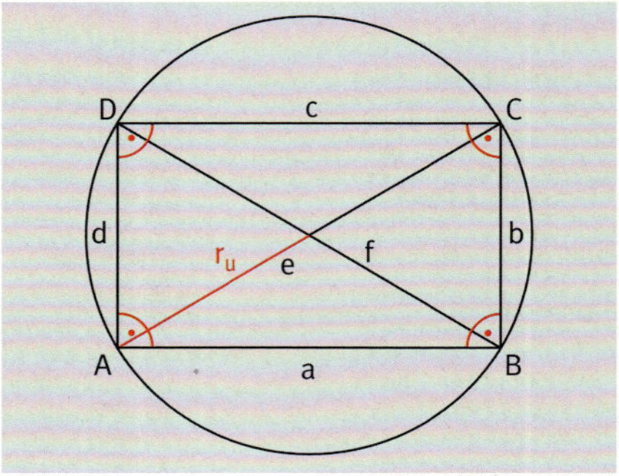

Quadrat

Seiten	$a = b = c = d$
Winkel	$\alpha = \beta = \gamma = \delta = 90°$
Diagonalen	$e = f = a\sqrt{2}$
Umfang	$u = 4a$
Umkreisradius	$r_u = \frac{a}{2}\sqrt{2}$
Inkreisradius	$r_i = \frac{a}{2}$
Flächeninhalt	$A = a^2$
Symmetrie	diagonal-, punkt- und lotsymmetrisch

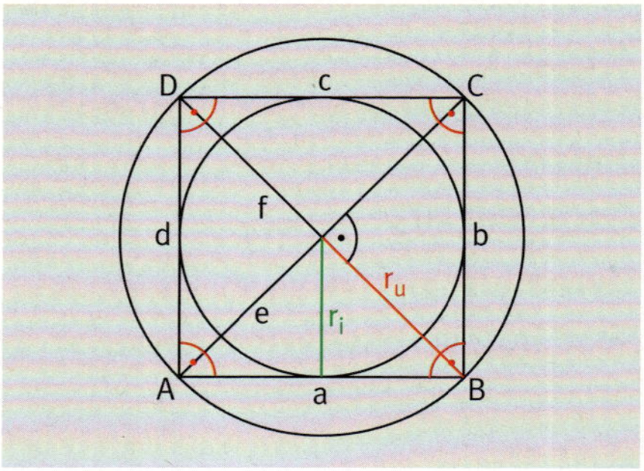

Lagebeziehungen von Geraden und Ebenen im Raum

Gerade – Gerade

Zwei Geraden heißen zueinander windschief, wenn sie sich weder schneiden noch parallel zueinander sind.

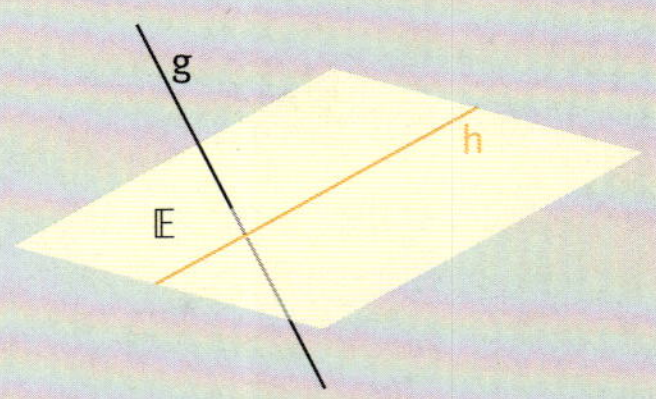

Gerade – Ebene

Eine Gerade steht senkrecht auf einer Ebene, wenn sie auf zwei Geraden der Ebene senkrecht steht.

$g \perp AB \wedge g \perp BC \Rightarrow g \perp \mathbb{E}\ (ABC)$

Eine Gerade ist parallel zu einer Ebene, wenn sie zu einer Geraden der Ebene parallel ist.

$h \parallel AB \Rightarrow h \parallel \mathbb{E}\ (ABC)$

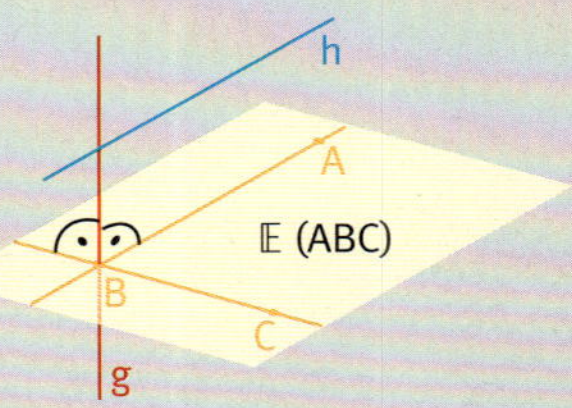

Winkel zwischen Geraden und Ebenen im Raum

Winkel zwischen Gerade und Ebene

Der Winkel zwischen einer Geraden g und einer Ebene $\mathbb{E}$ ist der Winkel zwischen g und f, wobei f und g in einer zu $\mathbb{E}$ senkrechten Hilfsebene $\mathbb{H}$ liegen:

$g \in \mathbb{H}$ und $\mathbb{H} \perp \mathbb{E}$ und $\mathbb{H} \cap \mathbb{E} = f$

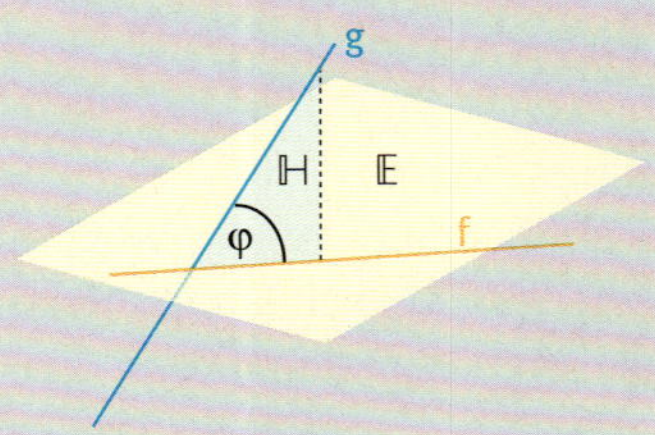

Winkel zwischen zwei Ebenen

Der Winkel zwischen zwei Ebenen $\mathbb{E}_1$ und $\mathbb{E}_2$ ist der Winkel zwischen zwei in diesen Ebenen liegenden Geraden g_1 und g_2, die sich im Punkt P schneiden. P liegt dabei auf der Schnittgeraden f von $\mathbb{E}_1$ und $\mathbb{E}_2$. Die Geraden g_1 und g_2 stehen senkrecht auf f.

$f = \mathbb{E}_1 \cap \mathbb{E}_2$

$P \in f$ mit $\{P\} = g_1 \cap g_2 \cap f$

und $g_1 \perp f$ und $g_2 \perp f$

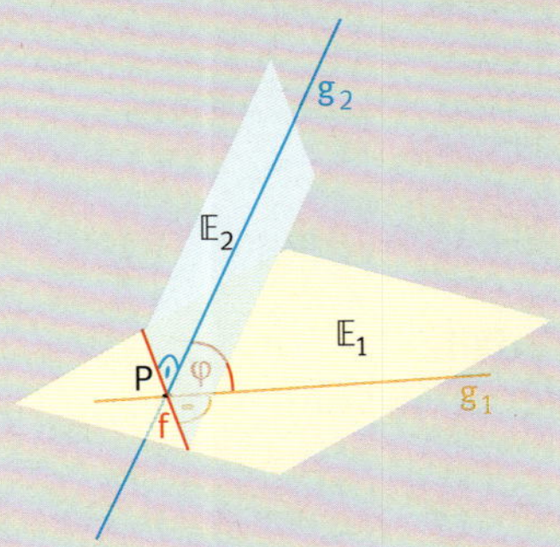

Satz des Cavalieri

Zwei Körper, die auf derselben Ebene $\mathbb{E}_0$ stehen, sind volumengleich, wenn sie folgende Bedingungen erfüllen:

1. Die Grundflächen sind inhaltsgleich.
2. Die Höhen sind gleich.
3. Jede zu $\mathbb{E}_0$ parallele Ebene schneidet aus den Körpern inhaltsgleiche Flächen aus.

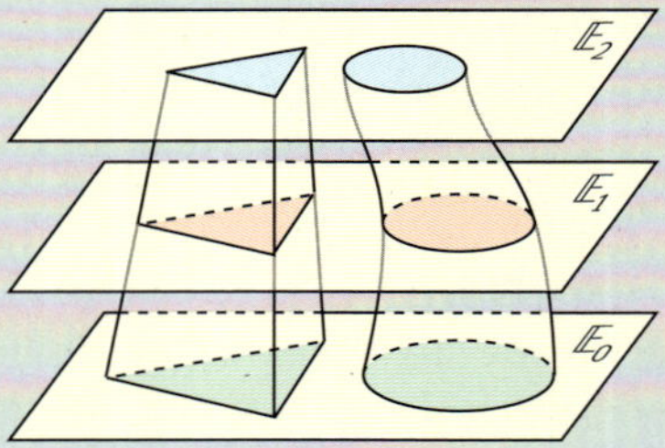

Prismen

Gerades Prisma

Unter einem geraden Prisma versteht man einen Körper, dessen Grund- und Deckfläche zueinander parallele, identische Vielecke sind und dessen Seitenkanten senkrecht zu diesen beiden Flächen verlaufen.

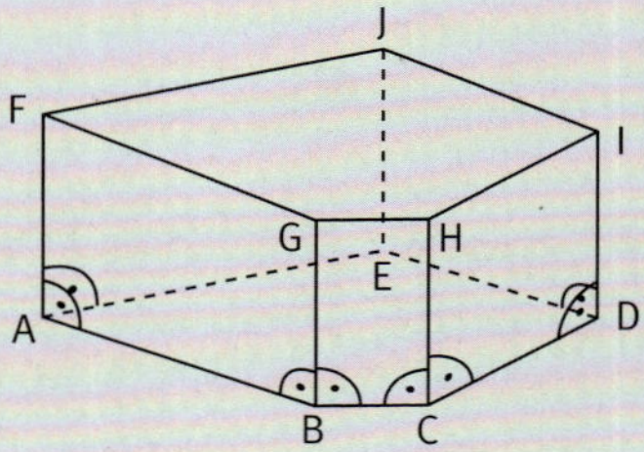

Reguläres Prisma

Die Grundfläche ist regelmäßig, d. h. ein Vieleck mit gleich langen Seiten und gleichen Winkelmaßen.

Formeln für Prismen

Volumen: $V = G \cdot h$

Oberfläche: $O = 2 \cdot G + M$

Mantelfläche: $M = u_G \cdot h$

u_G: Umfang der Grundfläche

Sonderfälle

Quader und Würfel

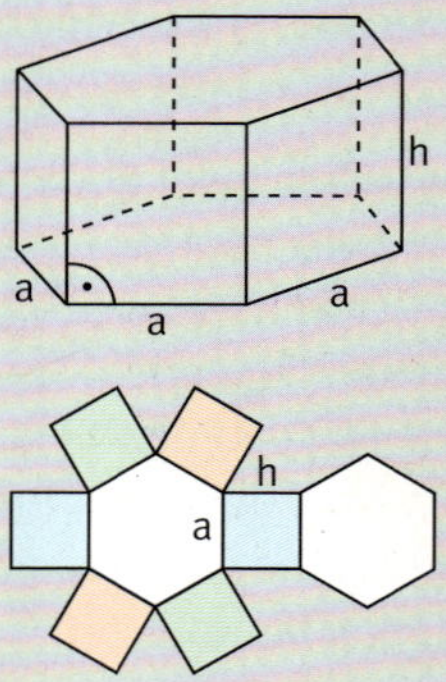

Parallele Flächen sind gleichfarbig.

Quader

Ein Quader ist ein gerades Prisma mit rechteckiger Grundfläche.

$V = a \cdot b \cdot c$

$O = 2 \cdot (a \cdot b + a \cdot c + b \cdot c)$

$M = 2 \cdot (a \cdot c + b \cdot c)$

$e = \sqrt{a^2 + b^2 + c^2}$

e: Länge der Raumdiagonalen

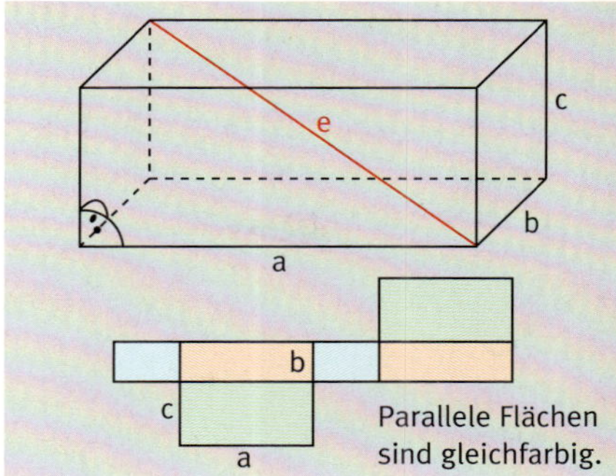

Würfel

Ein Würfel ist ein Quader, bei dem alle Seitenflächen quadratisch sind.

$V = a^3$

$O = 6 \cdot a^2$

$M = 4 \cdot a^2$

$e = a\sqrt{3}$

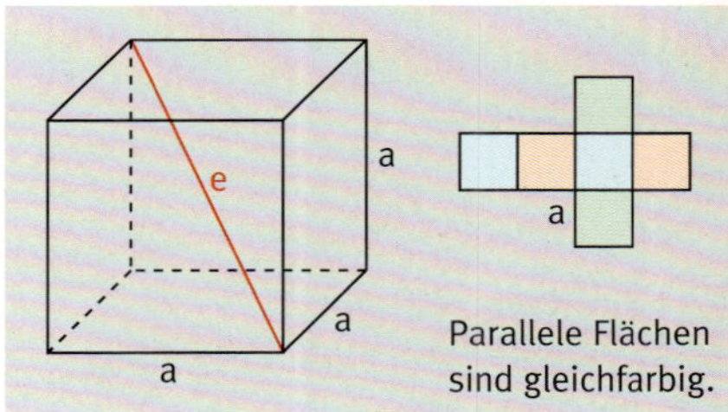

Pyramide

$V = \frac{1}{3} G \cdot h$ $\qquad$ $O = M + G$

Liegt die Spitze S einer Pyramide lotrecht über dem Umkreismittelpunkt der Grundfläche, so nennt man die Pyramide **gerade**.
Ist die Grundfläche zusätzlich regelmäßig, so heißt die Pyramide **regulär**.

Gerade, quadratische Pyramide

$V = \frac{1}{3} a^2 \cdot h$ $\qquad$ $M = 2 \cdot a \cdot h_s$

$O = a\,(a + 2h_s)$

Reguläres Tetraeder

$h = \frac{1}{3} a \sqrt{6}$

$V = \frac{1}{12} a^3 \sqrt{2}$ $\qquad$ $O = a^2 \sqrt{3}$

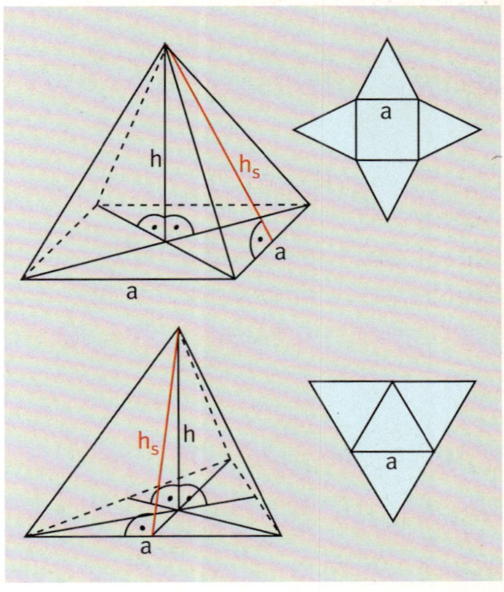

Rotationskörper

Gerader Kreiskegel

Rotiert ein gleichschenkliges Dreieck um die Symmetrieachse h, dann entsteht ein gerader Kreiskegel.

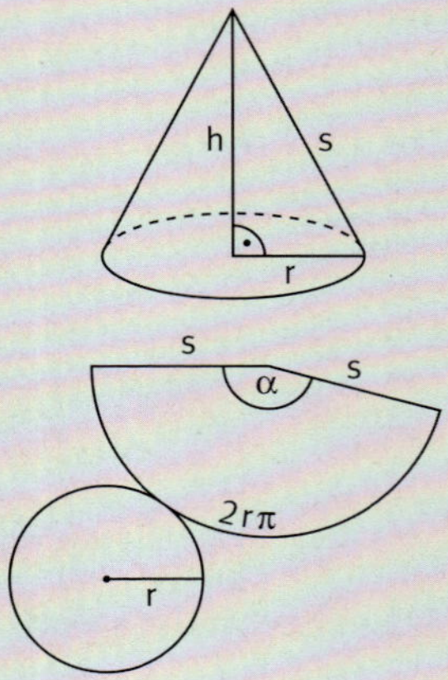

$V = \frac{1}{3} \cdot r^2 \cdot \pi \cdot h$
$O = r \cdot \pi \cdot (r + s)$
$M = r \cdot \pi \cdot s$
$\alpha = 360° \cdot \frac{r}{s}$

α: Mittelpunktswinkel der Abwicklung der Mantelfläche
s: Mantellinie

Gerader Kreiszylinder

Rotiert ein Rechteck um eine Seite, dann entsteht ein gerader Kreiszylinder.

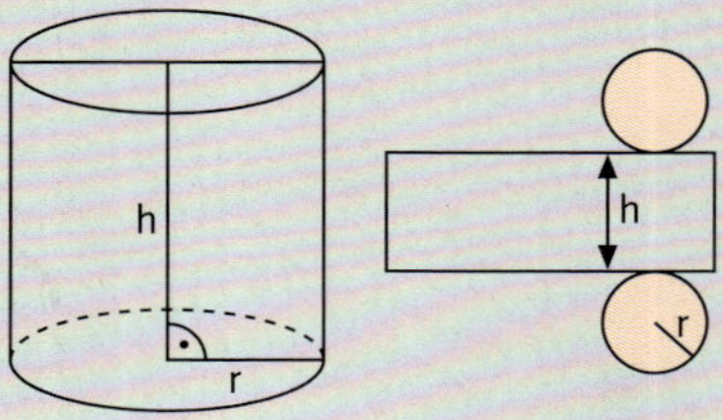

$V = r^2 \cdot \pi \cdot h$
$O = 2 \cdot r \cdot \pi \cdot (r + h)$
$M = 2 \cdot r \cdot \pi \cdot h$

Kugel

Rotiert eine Kreisscheibe um einen Durchmesser, dann entsteht eine Kugel.

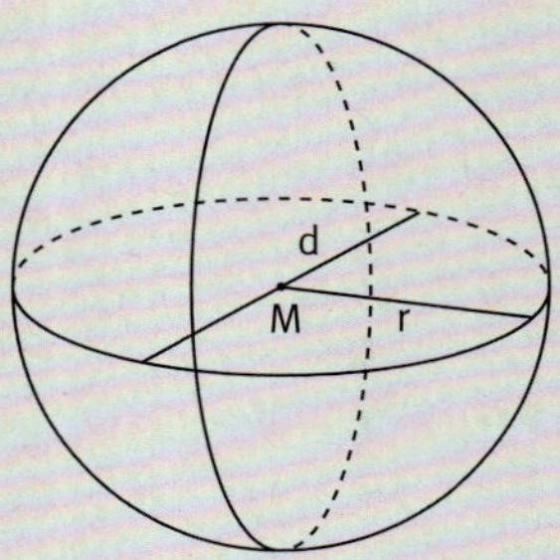

$V = \frac{4}{3} \cdot r^3 \cdot \pi$
$O = 4 \cdot r^2 \cdot \pi$

Definition und Grundbegriffe

Definition

Durch eine Vorschrift, die jedem Element x (Urelement) einer Menge M genau ein Element x' (Bildelement) einer Menge M' zuordnet, wird eine Abbildung festgelegt.
In der Zeichenebene wird somit jedem Urpunkt P umkehrbar eindeutig genau ein Bildpunkt P' der Zeichenebene zugeordnet.

Grundbegriffe

Fixpunkt	Ein Punkt, der auf sich selbst abgebildet wird
Fixpunktgerade	Eine Gerade, die punktweise auf sich selbst abgebildet wird
Fixgerade	Eine Gerade, die auf sich selbst abgebildet wird, aber nicht punktweise
Identität	Eine Abbildung, die nur Fixpunkte besitzt

Kongruenzabbildungen

Achsenspiegelung, Punktspiegelung, Parallelverschiebung, Drehung und deren Verknüpfungen sind Kongruenzabbildungen. Ur- und Bildfigur sind deckungsgleich (kongruent).
Kongruenzabbildungen sind längentreu, winkeltreu, flächentreu, verhältnistreu, kreistreu, geradentreu und parallelentreu.

Ähnlichkeitsabbildungen

Verknüpfungen aus Kongruenzabbildungen und einer zentrischen Steckung heißen Ähnlichkeitsabbildungen. Ur- und Bildfigur sind formgleich (ähnlich).
Ähnlichkeitsabbildungen sind winkeltreu, verhältnistreu, kreistreu, geradentreu und parallelentreu.

Multiplikation einer Matrix mit einem Vektor

Die Multiplikation einer 2 × 2-Matrix mit einem Vektor erfolgt wie nebenstehend.

$$\underbrace{\begin{pmatrix} a & c \\ b & d \end{pmatrix}}_{\text{2×2-Matrix}} \odot \underbrace{\begin{pmatrix} x \\ y \end{pmatrix}}_{\text{Vektor}} = \underbrace{\begin{pmatrix} a \cdot x + c \cdot y \\ b \cdot x + d \cdot y \end{pmatrix}}_{\text{Vektor}}$$

Achsenspiegelung

Kurzschreibweise

$P \overset{a}{\longmapsto} P'$ a: Spiegelachse

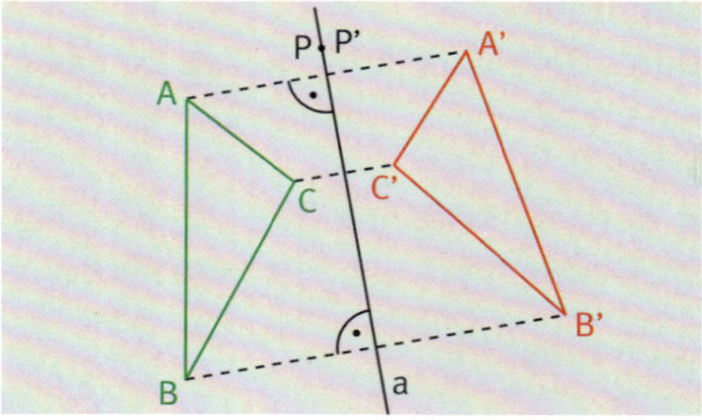

Abbildungsvorschrift

1. Die Verbindungsstrecke von Urpunkt $P \notin a$ und Bildpunkt P' steht auf der Spiegelachse a senkrecht und wird von ihr halbiert.
2. Für $P \in a$ gilt: $P = P'$

Eigenschaften

Fixpunkte	Jeder Punkt der Spiegelachse wird auf sich abgebildet.
Fixpunktgeraden	Die Spiegelachse ist Fixpunktgerade.
Fixgeraden	Alle Geraden senkrecht zur Spiegelachse sind Fixgeraden.
Kongruenz	Ur- und Bildfigur sind gegensinnig kongruent.

Abbildungsgleichung (Koordinatenform)

Spiegelachse: $y = mx$ mit $m = \tan \varphi$
$(0° \leqq \varphi < 180°)$

$x' = x \cdot \cos 2\varphi + y \cdot \sin 2\varphi$
$y' = x \cdot \sin 2\varphi - y \cdot \cos 2\varphi$

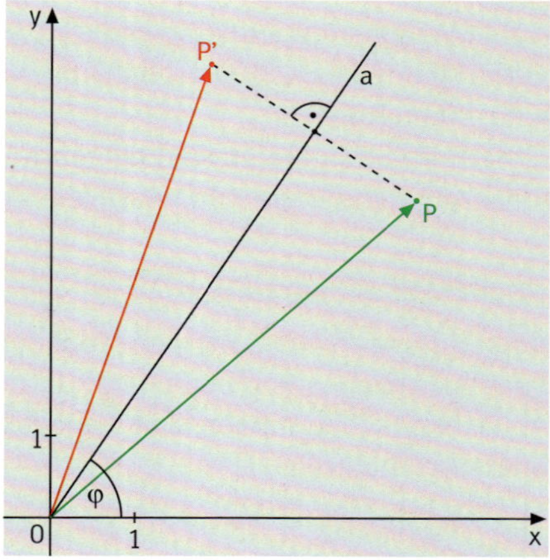

Abbildungsgleichung (Matrixform)

$$\begin{pmatrix} x' \\ y' \end{pmatrix} = \begin{pmatrix} \cos 2\varphi & \sin 2\varphi \\ \sin 2\varphi & -\cos 2\varphi \end{pmatrix} \odot \begin{pmatrix} x \\ y \end{pmatrix}$$

Achsensymmetrie

Eine Figur heißt achsensymmetrisch bezüglich der Symmetrieachse a, wenn sie durch Achsenspiegelung an a auf sich selbst abgebildet wird.

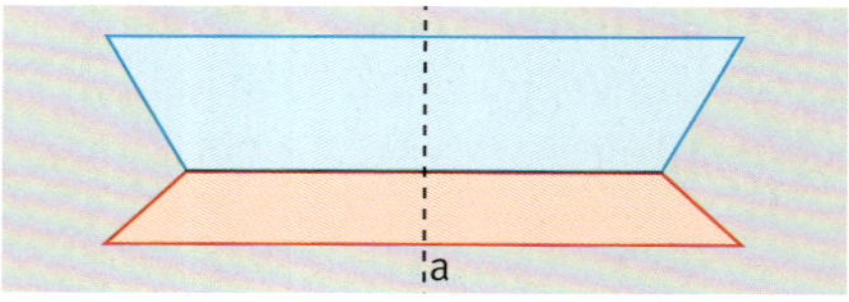

Punktspiegelung

Kurzschreibweise

$P \stackrel{Z}{\longmapsto} P'$ Z: Zentrum der Spiegelung

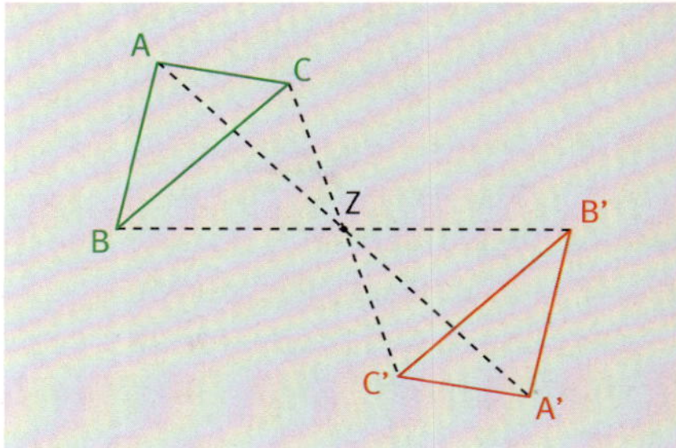

Abbildungsvorschrift

1. Die Verbindungsstrecke von Urpunkt $P \neq Z$ und Bildpunkt P' wird durch das Zentrum Z halbiert.
2. Für $P = Z$ gilt: $P = P'$

Eigenschaften

Fixpunkte	Z wird als einziger Punkt auf sich selbst abgebildet.
Fixgeraden	Jede Gerade durch Z wird auf sich selbst abgebildet.
Kongruenz	Ur- und Bildfigur sind gleichsinnig kongruent.

Abbildungsgleichung (Vektorform)

$$\overrightarrow{ZP'} = -\overrightarrow{ZP}$$

$$\begin{pmatrix} x' - x_Z \\ y' - y_Z \end{pmatrix} = -\begin{pmatrix} x - x_Z \\ y - y_Z \end{pmatrix}$$

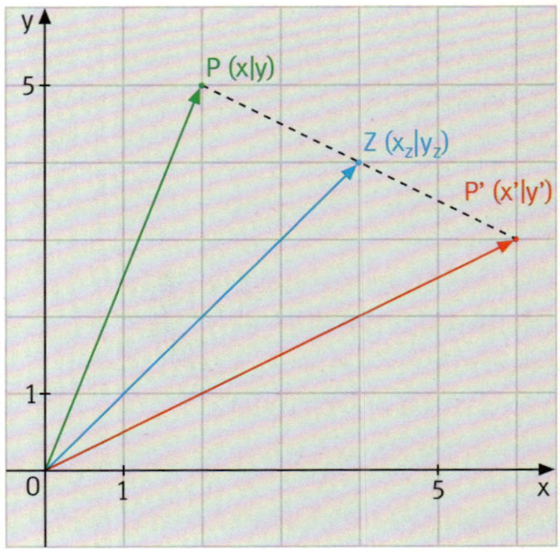

Abbildungsgleichung (Koordinatenform)

$x' = -x + 2 \cdot x_Z$
$y' = -y + 2 \cdot y_Z$

Abbildungsgleichung (Matrixform)

$$\begin{pmatrix} x' \\ y' \end{pmatrix} = \begin{pmatrix} -1 & 0 \\ 0 & -1 \end{pmatrix} \odot \begin{pmatrix} x \\ y \end{pmatrix} \oplus \begin{pmatrix} 2x_Z \\ 2y_Z \end{pmatrix}$$

Punktsymmetrie

Eine Figur heißt punktsymmetrisch bezüglich des Symmetriezentrums Z, wenn sie durch Punktspiegelung an Z auf sich selbst abgebildet wird.

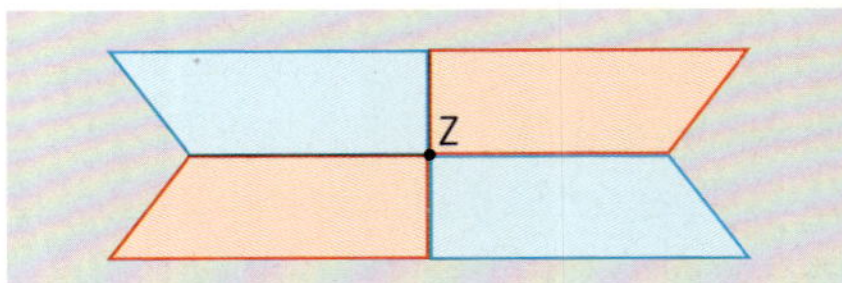

Drehung

Kurzschreibweise

$P \xrightarrow{Z;\,\varphi} P'$ $(-360° < \varphi < 360°)$

Z: Drehzentrum φ: Drehwinkel

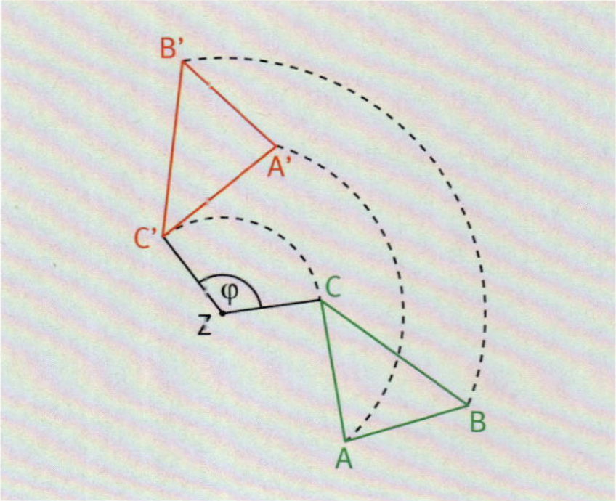

Abbildungsvorschrift

1. Die Verbindungsstrecken von Urpunkt $P \neq Z$ und Drehzentrum Z sowie von Bildpunkt P' und Drehzentrum Z sind jeweils gleich lang und schließen stets den Drehwinkel φ ein.
2. Für $P = Z$ gilt: $P' = P$

Eigenschaften

Fixpunkte	Für $\varphi \neq 0°$ ist Z einziger Fixpunkt.
Fixgeraden	Für $\varphi \neq 0°$ oder $\lvert\varphi\rvert \neq 180°$ gibt es keine Fixgeraden.
Kongruenz	Ur- und Bildfigur sind gleichsinnig kongruent.
Drehrichtung	$\varphi > 0°$: Drehung gegen den Uhrzeigersinn $\varphi < 0°$: Drehung im Uhrzeigersinn
Spezialfall	$\lvert\varphi\rvert = 180°$: Punktspiegelung

Abbildungsgleichung (Koordinatenform)

Bei Drehung um $Z = O\,(0|0)$:

$x' = x \cdot \cos\varphi - y \cdot \sin\varphi$

$y' = x \cdot \sin\varphi + y \cdot \cos\varphi$

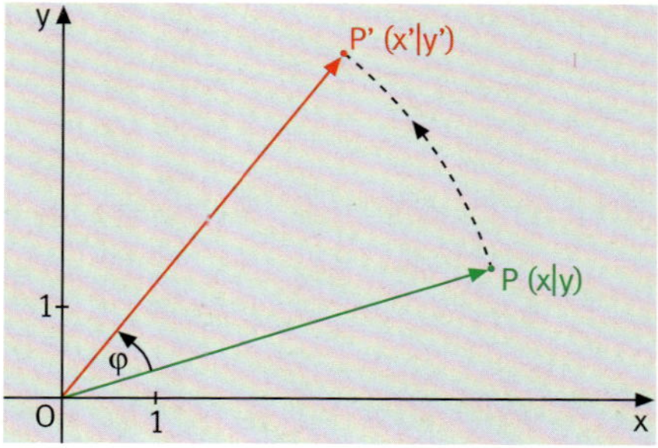

Abbildungsgleichung (Matrixform)

Bei Drehung um $Z = O(0|0)$:

$$\begin{pmatrix} x' \\ y' \end{pmatrix} = \begin{pmatrix} \cos\varphi & -\sin\varphi \\ \sin\varphi & \cos\varphi \end{pmatrix} \odot \begin{pmatrix} x \\ y \end{pmatrix}$$

Drehsymmetrie

Eine Figur heißt drehsymmetrisch bezüglich Z, wenn sie durch Drehung um Z auf sich selbst abgebildet wird.

Parallelverschiebung

Kurzschreibweise

$P \stackrel{\vec{v}}{\longmapsto} P'$ $\vec{v}$: Verschiebungsvektor

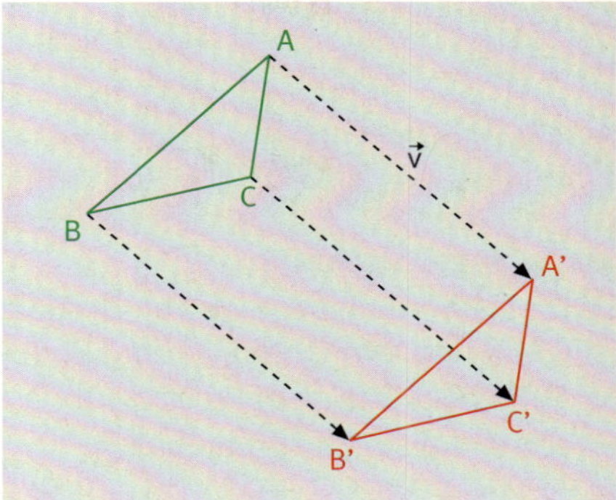

Abbildungsvorschrift

1. Die Verbindungspfeile von Urpunkten P und Bildpunkten P' sind gleich lang, parallel und gleich orientiert.
2. Die Menge der dadurch festgelegten Pfeile bildet den Vektor $\vec{v}$.

Eigenschaften

Fixpunkte	Für $\vec{v} \neq \vec{0}$ gibt es keine Fixpunkte.
Fixgeraden	Jede Gerade parallel zur Verschiebungsrichtung wird auf sich selbst abgebildet.
Kongruenz	Ur- und Bildfigur sind gleichsinnig kongruent.

Abbildungsgleichung (Vektorform)

$$\overrightarrow{OP'} = \overrightarrow{OP} \oplus \vec{v}$$

$$\begin{pmatrix} x' \\ y' \end{pmatrix} = \begin{pmatrix} x \\ y \end{pmatrix} \oplus \begin{pmatrix} v_x \\ v_y \end{pmatrix}$$

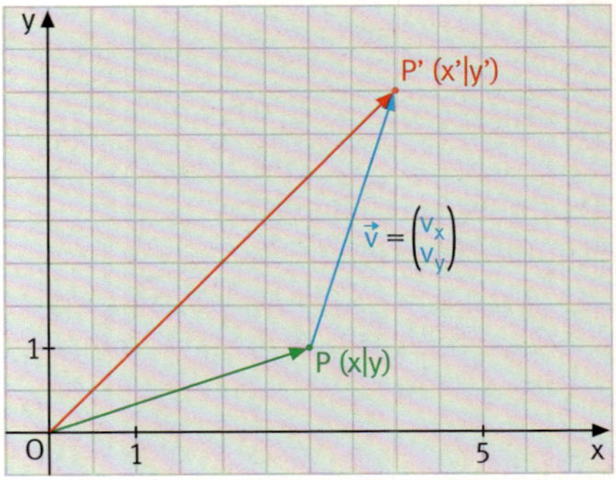

Abbildungsgleichung (Koordinatenform)

$x' = x + v_x$

$y' = y + v_y$

Abbildungsgleichung (Matrixform)

$$\begin{pmatrix} x' \\ y' \end{pmatrix} = \begin{pmatrix} 1 & 0 \\ 0 & 1 \end{pmatrix} \odot \begin{pmatrix} x \\ y \end{pmatrix} \oplus \begin{pmatrix} v_x \\ v_y \end{pmatrix}$$

Orthogonale Affinität

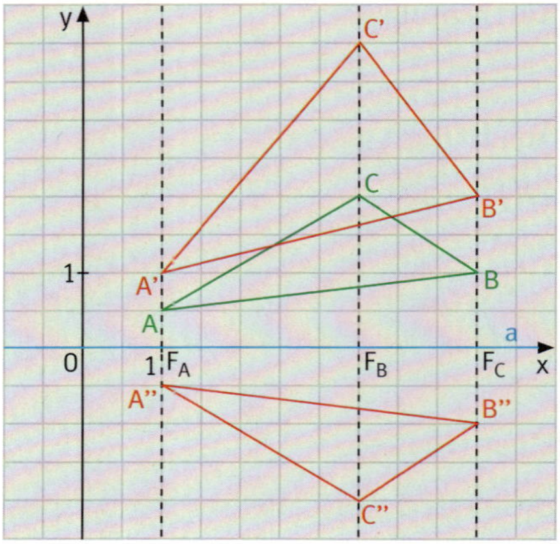

Kurzschreibweise

$P \overset{a;\,k}{\longmapsto} P'$ $(k \neq 0)$

a: Affinitätsachse (stets x-Achse)
k: Affinitätsfaktor

Abbildungsvorschrift

1. Die Verbindungsgerade von Urpunkt $P \notin a$ und Bildpunkt P' steht auf der Affinitätsachse a senkrecht und schneidet sie im Fußpunkt F_P.
   Es gilt: $\overrightarrow{F_PP'} = k \cdot \overrightarrow{F_PP}$
2. Ist $P \in a$, so gilt: $P' = P$

Eigenschaften

Fixpunkte	Jeder Punkt auf der x-Achse ist Fixpunkt.
Fixpunktgeraden	Die x-Achse ist Fixpunktgerade.
Fixgeraden	Jede Gerade, die senkrecht zur x-Achse verläuft, wird auf sich selbst abgebildet.
Spezialfall	$k = -1$: Achsenspiegelung an der x-Achse

Abbildungsgleichung (Koordinatenform)

Mit der x-Achse als Affinitätsachse gilt:

$x' = x$
$y' = k \cdot y$

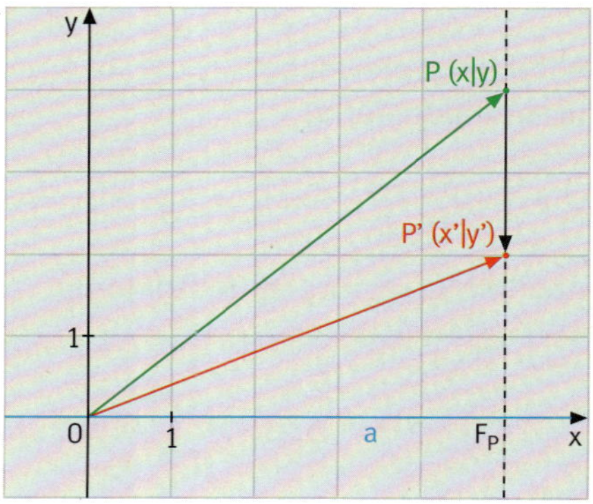

Abbildungsgleichung (Matrixform)

Mit der x-Achse als Affinitätsachse gilt:

$$\begin{pmatrix} x' \\ y' \end{pmatrix} = \begin{pmatrix} 1 & 0 \\ 0 & k \end{pmatrix} \odot \begin{pmatrix} x \\ y \end{pmatrix}$$

Zentrische Streckung

Kurzschreibweise

$P \xmapsto{Z;\,k} P'$

Z: Zentrum   k: Streckungsfaktor

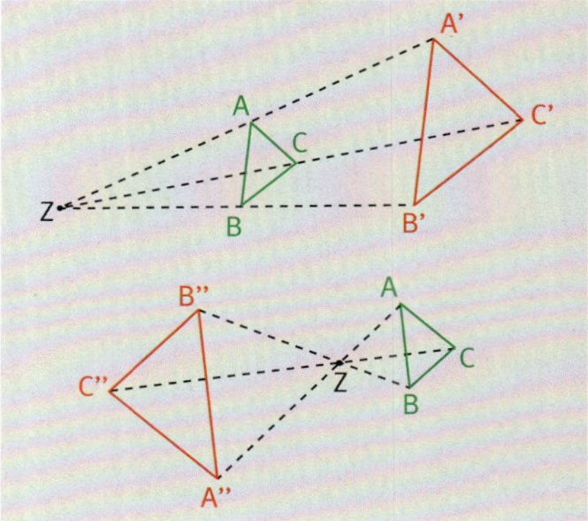

Abbildungsvorschrift

1. Die Verbindungsgerade von Urpunkt $P \neq Z$ und Bildpunkt P' verläuft durch das Streckungszentrum Z. Es gilt: $\overrightarrow{ZP'} = k \cdot \overrightarrow{ZP}$
2. Für $P = Z$ gilt: $P' = P$

Eigenschaften

Fixpunkt	Für $k \neq 1$ ist Z einziger Fixpunkt.
Fixgeraden	Jede Gerade durch Z wird auf sich selbst abgebildet.
Ähnlichkeit	Ur- und Bildfigur sind ähnlich (formgleich).
Flächeninhalt	$A' = k^2 \cdot A$
Spezialfälle	$k = 1$: Identität $k = -1$: Punktspiegelung

Abbildungsgleichung (Vektorform)

$\overrightarrow{ZP'} = k \cdot \overrightarrow{ZP}$

$$\begin{pmatrix} x' - x_z \\ y' - y_z \end{pmatrix} = k \cdot \begin{pmatrix} x - x_z \\ y - y_z \end{pmatrix}$$

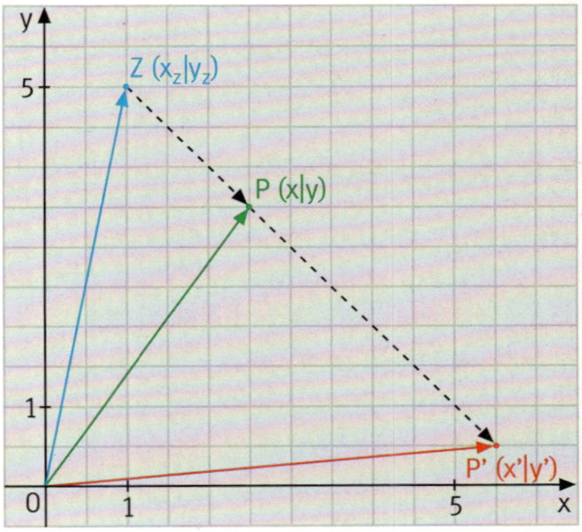

Abbildungsgleichung (Koordinatenform)

$x' = k \cdot x + (1 - k) \cdot x_Z$

$y' = k \cdot y + (1 - k) \cdot y_Z$

Abbildungsgleichung (Matrixform)

$$\begin{pmatrix} x' \\ y' \end{pmatrix} = \begin{pmatrix} k & 0 \\ 0 & k \end{pmatrix} \odot \begin{pmatrix} x \\ y \end{pmatrix} \oplus \begin{pmatrix} (1-k) \cdot x_z \\ (1-k) \cdot y_z \end{pmatrix}$$

1. Vierstreckensatz

Werden zwei durch Z verlaufende Geraden von zwei Parallelen geschnitten, so verhalten sich zwei beliebige Abschnitte auf der einen Geraden wie die entsprechenden Abschnitte auf der anderen.

$\overline{ZC} : \overline{ZA} = \overline{ZD} : \overline{ZB}$

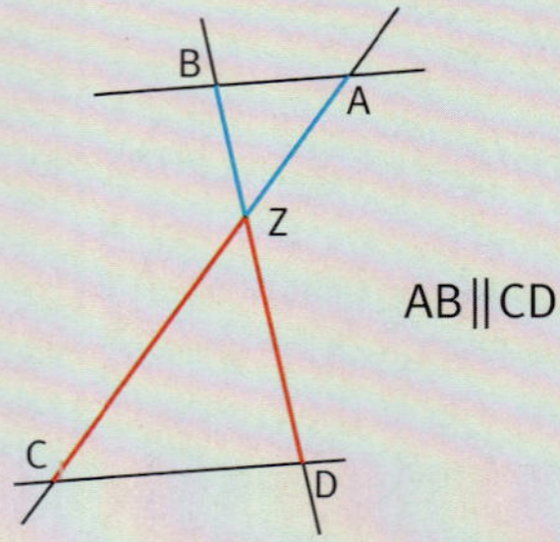

$\overline{ZC} : \overline{ZA} = \overline{ZD} : \overline{ZB}$

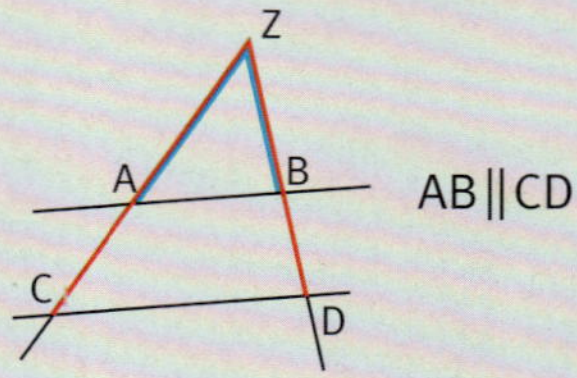

$\overline{ZA} : \overline{AC} = \overline{ZB} : \overline{BD}$

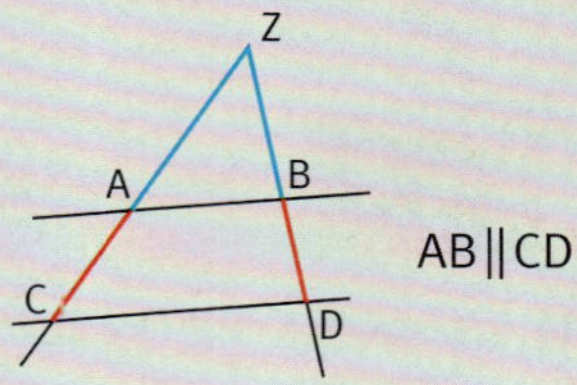

2. Vierstreckensatz

Werden zwei durch Z verlaufende Geraden von zwei Parallelen geschnitten, so verhalten sich die Parallelstrecken zueinander wie die Entfernungen ihrer Endpunkte von Z auf derselben Geraden.

$\overline{CD} : \overline{AB} = \overline{ZC} : \overline{ZA}$

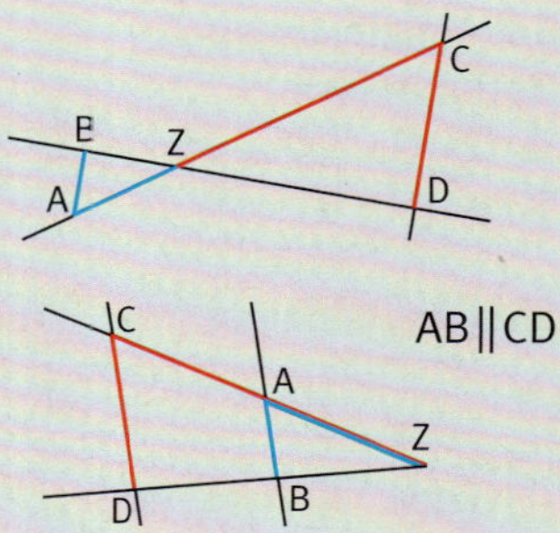

Bogenmaß eines Winkels

Definition

Unter dem Bogenmaß x eines Winkels mit dem Gradmaß φ versteht man das Verhältnis der Länge des zum Winkel gehörenden Kreisbogens b zum Kreisradius r.

$x = \frac{b}{r} = \frac{2\pi}{360°} \cdot \varphi$

Das Bogenmaß x zum Winkel φ entspricht der Länge des zugehörigen Kreisbogens in einem Kreis mit Radius r = 1.

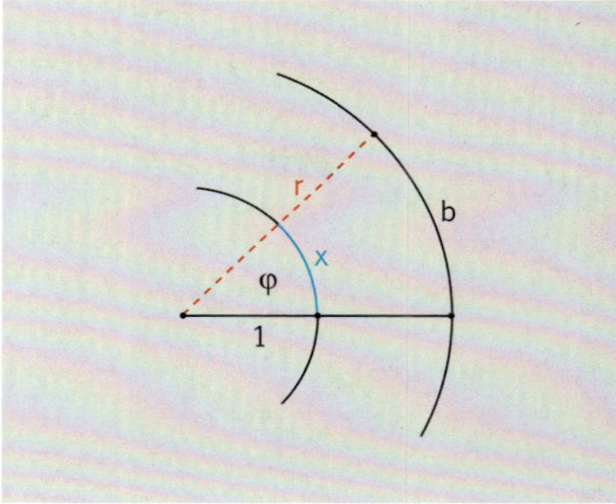

Gradmaß φ	0°	30°	45°	60°	90°	180°	270°	360°
Bogenmaß x	0	$\frac{\pi}{6}$	$\frac{\pi}{4}$	$\frac{\pi}{3}$	$\frac{\pi}{2}$	π	$\frac{3\pi}{2}$	2π
Näherung	0	0,52	0,79	1,05	1,57	3,14	4,71	6,28

Kartesische Koordinaten und Polarkoordinaten

Jeder Punkt P der Zeichenebene lässt sich auf zwei Arten beschreiben:

Kartesische Koordinaten

P (x | y)

Polarkoordinaten

P (r | φ) mit r > 0 und $0° \leqq \varphi < 360°$

Zusammenhang

$x = r \cdot \cos \varphi$ $y = r \cdot \sin \varphi$

$r = \sqrt{x^2 + y^2}$ $\tan \varphi = \frac{y}{x}$ $(x \neq 0)$

Spezialfall

Ist x = 0, so gilt für φ:
1. φ = 90°, wenn y > 0
2. φ = 270°, wenn y < 0

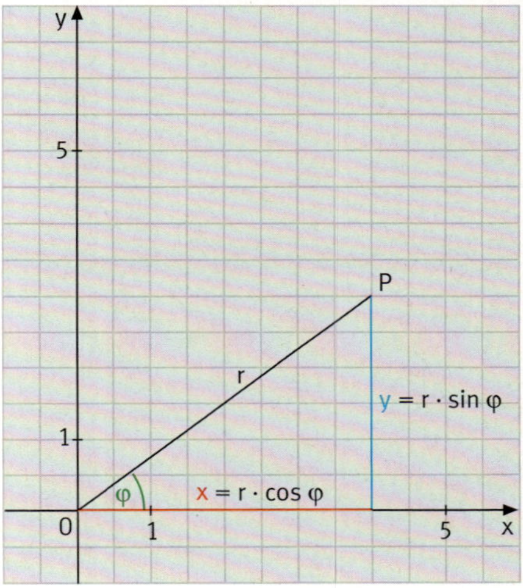

Sinus, Kosinus und Tangens

Definition

Sind $(1|\varphi)$ die Polarkoordinaten eines Punktes $P\,(x_P|y_P)$ auf dem Einheitskreis, so gilt:

$\sin\varphi = y_P$

$\cos\varphi = x_P$

$\tan\varphi = \frac{\sin\varphi}{\cos\varphi} \quad (\cos\varphi \neq 0)$

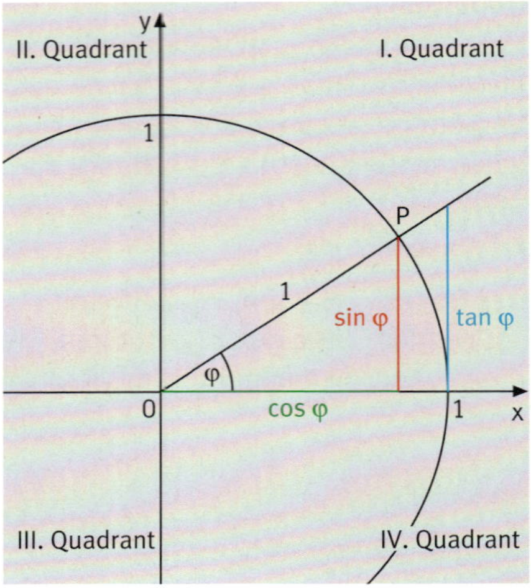

Vorzeichenregel

Quadrant	I	II	III	IV
sin φ	+	+	−	−
cos φ	+	−	−	+
tan φ	+	−	+	−

Sinus, Kosinus und Tangens besonderer Winkelmaße

φ	0°	30°	45°	60°	90°	180°	270°	360°
sin φ	0	$\frac{1}{2}$	$\frac{1}{2}\sqrt{2}$	$\frac{1}{2}\sqrt{3}$	1	0	−1	0
cos φ	1	$\frac{1}{2}\sqrt{3}$	$\frac{1}{2}\sqrt{2}$	$\frac{1}{2}$	0	−1	0	1
tan φ	0	$\frac{1}{3}\sqrt{3}$	1	$\sqrt{3}$	n. def.	0	n. def.	0

Sinus, Kosinus und Tangens am rechtwinkligen Dreieck

$\sin\varphi = \frac{y}{r} = \frac{\text{Länge der Gegenkathete}}{\text{Länge der Hypotenuse}}$

$\cos\varphi = \frac{x}{r} = \frac{\text{Länge der Ankathete}}{\text{Länge der Hypotenuse}}$

$\tan\varphi = \frac{y}{x} = \frac{\text{Länge der Gegenkathete}}{\text{Länge der Ankathete}}$

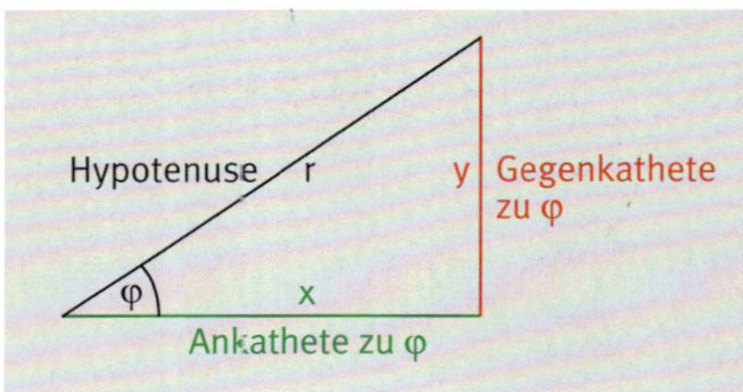

Negative Winkelmaße

$\sin(-\varphi) = -\sin\varphi$	$\cos(-\varphi) = \cos\varphi$	$\tan(-\varphi) = -\tan\varphi$

Komplementbeziehungen

$\sin(90° - \varphi) = \cos\varphi$	$\cos(90° - \varphi) = \sin\varphi$	$\tan(90° - \varphi) = \frac{1}{\tan\varphi}$

Rückführung auf spitze Winkel (Supplementbeziehungen)

Für $0° < \varphi < 90°$ gilt:

$\sin(180° - \varphi) = +\sin\varphi$

$\cos(180° - \varphi) = -\cos\varphi$

$\tan(180° - \varphi) = -\tan\varphi$

$\sin(180° + \varphi) = -\sin\varphi$

$\cos(180° + \varphi) = -\cos\varphi$

$\tan(180° + \varphi) = +\tan\varphi$

$\sin(360° - \varphi) = -\sin\varphi$

$\cos(360° - \varphi) = +\cos\varphi$

$\tan(360° - \varphi) = -\tan\varphi$

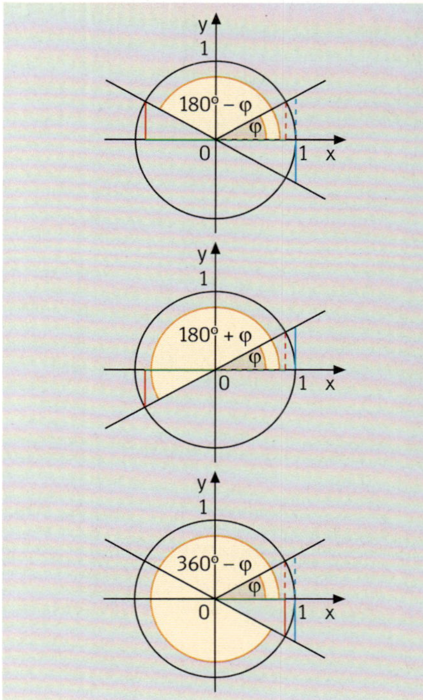

Beziehungen zwischen Sinus, Kosinus und Tangens

$\sin^2 \varphi + \cos^2 \varphi = 1$

Daraus ergibt sich für $0° < \varphi < 90°$:

Sinus	$\sin \varphi = \sqrt{1 - \cos^2 \varphi}$	$\sin \varphi = \frac{\tan \varphi}{\sqrt{1 + \tan^2 \varphi}}$
Kosinus	$\cos \varphi = \sqrt{1 - \sin^2 \varphi}$	$\cos \varphi = \frac{1}{\sqrt{1 + \tan^2 \varphi}}$
Tangens	$\tan \varphi = \frac{\sin \varphi}{\sqrt{1 - \sin^2 \varphi}}$	$\tan \varphi = \frac{\sqrt{1 - \cos^2 \varphi}}{\cos \varphi}$

Additionstheoreme

Sinus	$\sin(\alpha + \beta) = \sin \alpha \cdot \cos \beta + \cos \alpha \cdot \sin \beta$ $\sin(\alpha - \beta) = \sin \alpha \cdot \cos \beta - \cos \alpha \cdot \sin \beta$	
Kosinus	$\cos(\alpha + \beta) = \cos \alpha \cdot \cos \beta - \sin \alpha \cdot \sin \beta$ $\cos(\alpha - \beta) = \cos \alpha \cdot \cos \beta + \sin \alpha \cdot \sin \beta$	
Tangens	$\tan(\alpha + \beta) = \frac{\tan \alpha + \tan \beta}{1 - \tan \alpha \cdot \tan \beta}$	$(\tan \alpha \cdot \tan \beta \neq 1)$
	$\tan(\alpha - \beta) = \frac{\tan \alpha - \tan \beta}{1 + \tan \alpha \cdot \tan \beta}$	$(\tan \alpha \cdot \tan \beta \neq -1)$

Sinus, Kosinus und Tangens bei doppeltem und halbem Winkelmaß

doppeltes Winkelmaß	$\sin 2\varphi = 2 \cdot \sin \varphi \cdot \cos \varphi$ $\cos 2\varphi = \cos^2 \varphi - \sin^2 \varphi = 2 \cdot \cos^2 \varphi - 1 = 1 - 2 \cdot \sin^2 \varphi$ $\tan 2\varphi = \frac{2 \cdot \tan \varphi}{1 - \tan^2 \varphi}$	$(\tan^2 \varphi \neq 1)$
halbes Winkelmaß	$\left\|\sin \frac{\varphi}{2}\right\| = \sqrt{\frac{1}{2} \cdot (1 - \cos \varphi)}$ $\left\|\cos \frac{\varphi}{2}\right\| = \sqrt{\frac{1}{2} \cdot (1 + \cos \varphi)}$ $\left\|\tan \frac{\varphi}{2}\right\| = \sqrt{\frac{1 - \cos \varphi}{1 + \cos \varphi}}$	$(\cos \varphi \neq -1)$

Sinus-Funktion

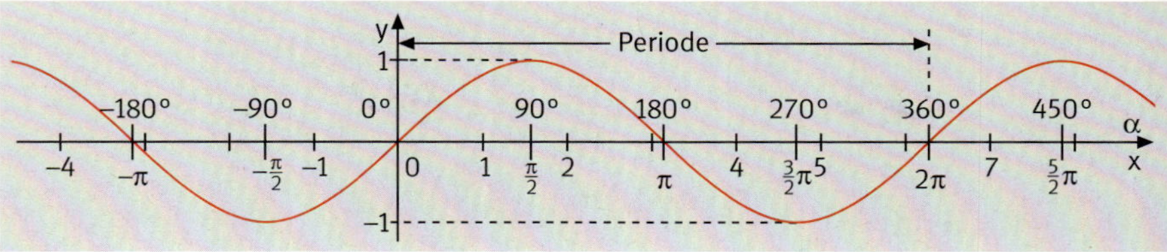

Funktionsgleichung	y = sin x	y = sin α
Definitionsmenge	$\mathbb{D} = \mathbb{R}$	$\mathbb{D} = \mathbb{R}$
Wertemenge	$\mathbb{W} = [-1; 1]$	$\mathbb{W} = [-1; 1]$
Periode	$2\,\pi$	360°

Kosinus-Funktion

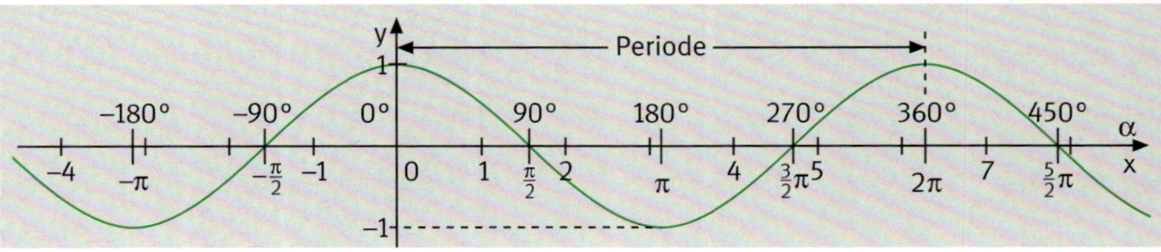

Funktionsgleichung	y = cos x	y = cos α
Definitionsmenge	$\mathbb{D} = \mathbb{R}$	$\mathbb{D} = \mathbb{R}$
Wertemenge	$\mathbb{W} = [-1; 1]$	$\mathbb{W} = [-1; 1]$
Periode	$2\,\pi$	360°

Tangens-Funktion

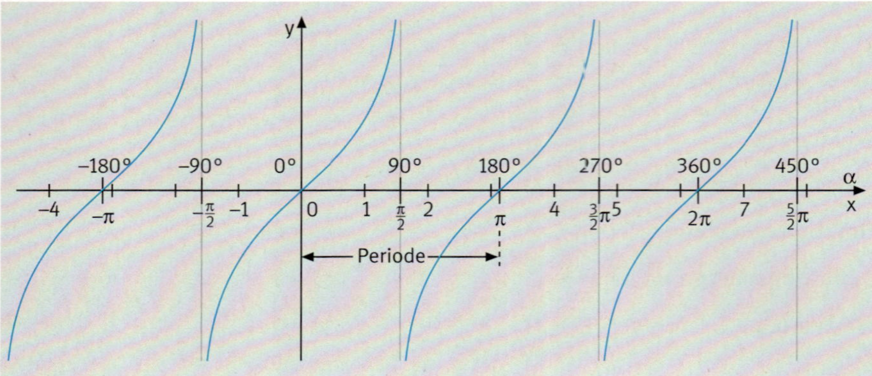

Funktionsgleichung	$y = \tan x$	$y = \tan \alpha$
Definitionsmenge	$\mathbb{D} = \mathbb{R} \setminus \{\frac{\pi}{2} + k \cdot \pi\}$	$\mathbb{D} = \mathbb{R} \setminus \{90° + k \cdot 180°\}$ $(k \in \mathbb{Z})$
Wertemenge	$\mathbb{W} = \mathbb{R}$	$\mathbb{W} = \mathbb{R}$
Periode	π	$180°$
Asymptoten	$x = \frac{\pi}{2} + k \cdot \pi$	$x = 90° + k \cdot 180°$

Listen und Tabellen

Urliste

Eine Urliste ist eine ungeordnete Zusammenstellung der beobachteten Ergebnisse eines Zufallsversuchs oder einer Datenerhebung.

3; 2; 1; 1; 6; 4; 5; 5; 5; 2;
6; 1; 4; 3; 4; 5; 1; 5; 6; 2

Rangliste

Die geordnete Zusammenstellung von beobachteten Ergebnissen wird als Rangliste bezeichnet.

1; 1; 1; 1; 2; 2; 2; 3; 3; 4;
4; 4; 5; 5; 5; 5; 5; 6; 6; 6

Strichliste

Eine Strichliste gibt an, wie oft jedes einzelne Ergebnis auftritt.

Zahl	1	2	3	4	5	6
Anzahl	////	///	//	///	𝍸	///

Häufigkeitstabelle

Die Häufigkeitstabelle gibt an, wie oft jedes Ergebnis aufgetreten ist (absolute Häufigkeit).
Zudem kann auch angegeben werden, wie groß der Anteil jedes Ergebnisses an der Gesamtzahl der Ergebnisse ist (relative Häufigkeit).

Zahl	Absolute Häufigkeit Anzahl	Relative Häufigkeit Anteil
1	4	0,20
2	3	0,15
3	2	0,10
4	3	0,15
5	5	0,25
6	3	0,15

Diagramme

Säulendiagramm

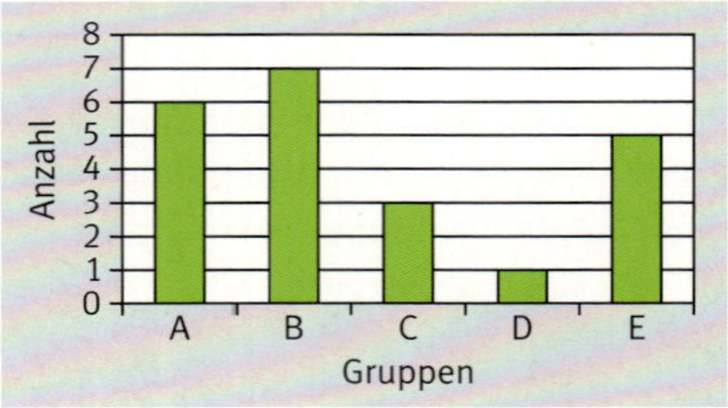

Balkendiagramm

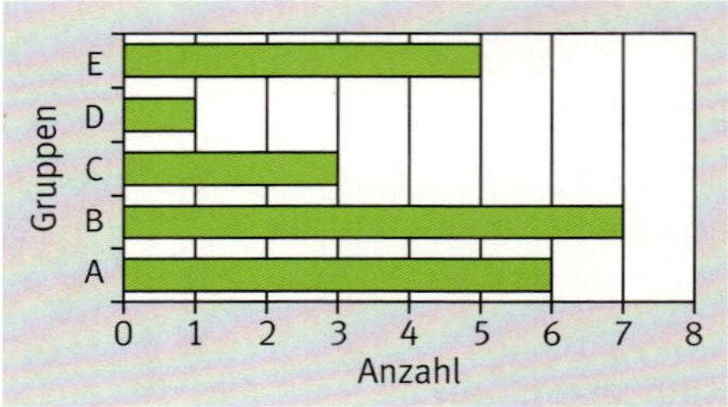

Liniendiagramm

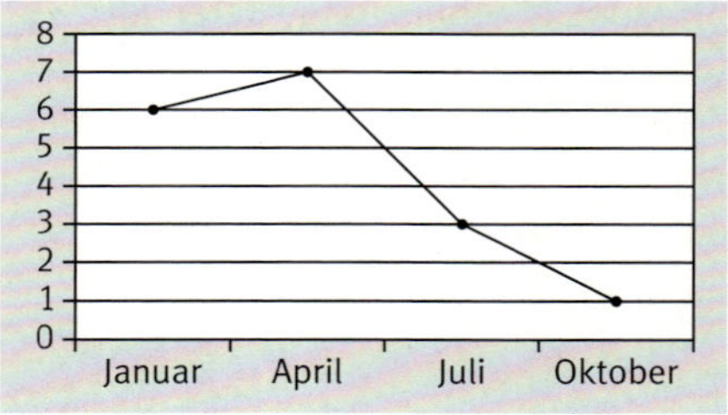

Punktediagramm

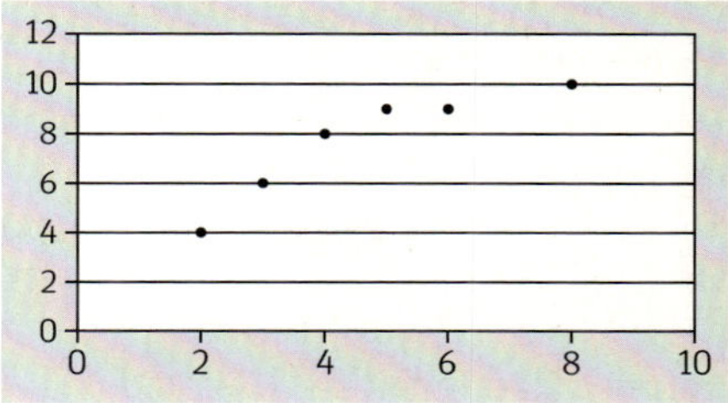

Kreisdiagramm

$\frac{\text{Gradzahl des Winkels}}{3{,}6} \mathrel{\widehat{=}} \text{Anteil in Prozent}$

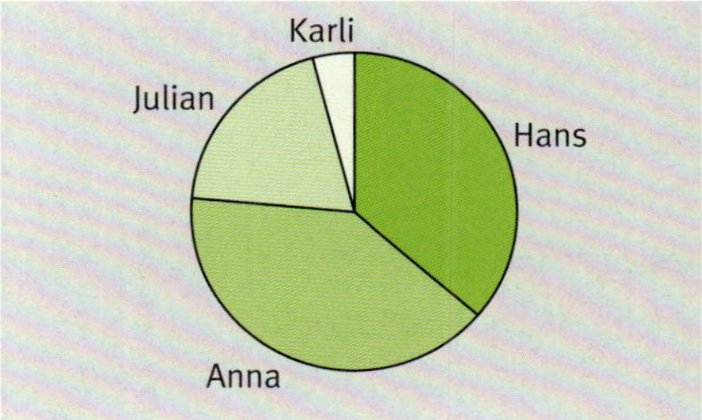

Streifendiagramm

$\frac{\text{Rechtecklänge} \cdot 100}{\text{Streifenlänge}} \mathrel{\widehat{=}} \text{Anteil in Prozent}$

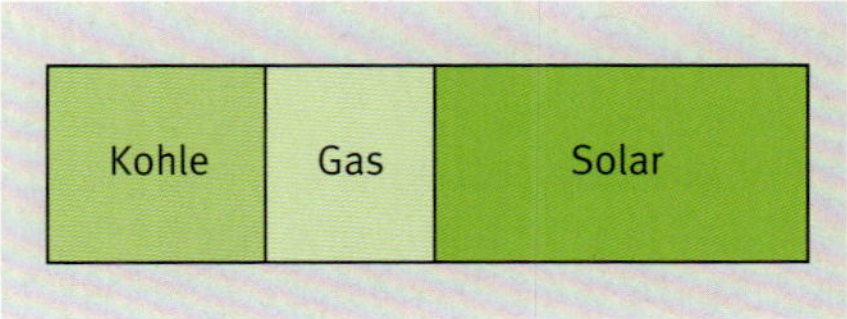

Bilddiagramm

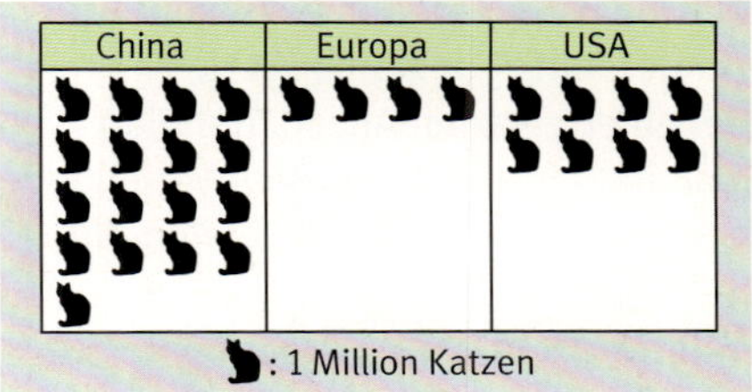

Häufigkeiten

Absolute Häufigkeit

Die absolute Häufigkeit gibt an, wie oft ein bestimmter Wert in einer Datenmenge auftritt.
Wiederholt man dasselbe Zufallsexperiment n-mal und tritt dabei ein Ereignis k-mal ein, so nennt man k die absolute Häufigkeit.

Relative Häufigkeit

Wiederholt man dasselbe Zufallsexperiment n-mal und tritt dabei ein Ereignis k-mal ein, so berechnet sich die relative Häufigkeit dieses Ereignisses wie folgt:

$$\frac{k}{n} = \frac{\text{absolute Häufigkeit eines Ereignisses}}{\text{Gesamtzahl der Zufallsversuche}}$$

$k \in \mathbb{N}_0,\ n \in \mathbb{N}$

Mittelwerte

Arithmetisches Mittel $\overline{x}$

Das arithmetische Mittel $\overline{x}$ von Werten $x_1, \ldots, x_n$ erhält man, indem man die Summe aller Werte durch die Gesamtzahl der Werte dividiert.

$$\overline{x} = \frac{x_1 + \ldots + x_n}{n}$$

Median z (Zentralwert)

$x_1 \leqq \ldots \leqq x_n$ sind der Größe nach geordnete Werte (Rangliste).
Bei einer ungeraden Anzahl von Werten ist der Median z genau der „in der Mitte“ liegende Wert.
Bei einer geraden Anzahl definiert man ihn als arithmetisches Mittel der beiden „in der Mitte“ liegenden Werte.

$$z = x_{\frac{n+1}{2}} \qquad \text{(n ungerade)}$$

$$z = \frac{1}{2}\left(x_{\frac{n}{2}} + x_{\frac{n}{2}+1}\right) \qquad \text{(n gerade)}$$

Modalwert m

Der Modalwert m ist der Wert einer Datenmenge (Urliste), der am häufigsten vorkommt.

Streuungsmaße

Spannweite R

Die Differenz zwischen dem größten und dem kleinsten Wert einer Datenmenge heißt Spannweite R.

$$R = x_{max} - x_{min}$$

Empirische Varianz V

$x_1, \ldots, x_n$ sind Werte einer Datenmenge und $\overline{x}$ ist ihr arithmetisches Mittel. Die empirische Varianz V ist ein Maß dafür, wie weit die Werte $x_1, \ldots, x_n$ um das arithmetische Mittel streuen.

$$V = \frac{(x_1 - \overline{x})^2 + (x_2 - \overline{x})^2 + \ldots + (x_n - \overline{x})^2}{n}$$

Empirische Standardabweichung s

Die empirische Standardabweichung s ist die Quadratwurzel der Varianz V.

$$s = \sqrt{V}$$

Empirisches Gesetz der großen Zahlen

Wird ein Zufallsversuch sehr oft durchgeführt, dann stabilisieren sich für jedes Ereignis E die zugehörigen relativen Häufigkeiten. Dabei pendeln sie sich um einen bestimmten Wert ein. Dieser Wert ist der Schätzwert der Wahrscheinlichkeit P(E).

Für große n gilt:
P(E) ≈ relative Häufigkeit des Ereignisses E

Erwartungswert

Führt man ein Zufallsexperiment mehrmals durch, so stabilisiert sich das arithmetische Mittel der Ergebnisse mit zunehmender Zahl von Experimenten um einen Wert, den Erwartungswert.

Grundbegriffe

Zufallsversuch und Ergebnis

Ein Zufallsversuch ist ein Vorgang, bei dem genau eines von mehreren möglichen Ergebnissen eintritt. Welches Ergebnis eintritt, ist dabei nicht vorhersagbar.
Ein Ergebnis wird auch als Elementarereignis bezeichnet.

Mögliche Ergebnisse:
$e_1; e_2; ...; e_n$

Ergebnisraum (Ergebnismenge)

Die Menge aller möglichen, einander ausschließenden Ergebnisse eines Zufallsversuchs heißt Ergebnisraum (Ergebnismenge). Er wird mit Ω bezeichnet.

$\Omega = \{e_1; e_2; ...; e_n\}$

Ereignis

Jede Teilmenge E des Ergebnisraums Ω heißt Ereignis. Man sagt, „das Ereignis E ist eingetreten", wenn der Zufallsversuch ein Ergebnis liefert, das zum vorher festgelegten Ereignis E gehört.

$E \subseteqq \Omega$

Wahrscheinlichkeit

Die Wahrscheinlichkeit P(E) ist ein Maß dafür, wie wahrscheinlich bei einem Zufallsversuch das Eintreten eines bestimmten Ereignisses E ist.

$0 \leqq P(E) \leqq 1$

Laplace-Experiment

Definition

Wenn ein Zufallsexperiment nur endlich viele Ergebnisse (Elementarereignisse) hat und diese gleich wahrscheinlich sind, spricht man von einem Laplace-Experiment.

Wahrscheinlichkeit eines Ergebnisses
Hat ein Laplace-Experiment n verschiedene Ergebnisse, dann beträgt die Wahrscheinlichkeit für jedes Ergebnis $\frac{1}{n}$.

$$\Omega = \{e_1; \ldots; e_n\}$$
$$P(e_1) = P(e_2) = \ldots = P(e_n) = \frac{1}{n}$$

Wahrscheinlichkeit eines Ereignisses
Bei einem Laplace-Experiment gilt für die Wahrscheinlichkeit, dass ein bestimmtes Ereignis E eintritt:
$|E|$: Anzahl der Elemente (Elementarereignisse, Ergebnisse) von E
$|\Omega|$: Anzahl der Elemente des Ergebnisraums (Gesamtzahl aller möglichen Ergebnisse)

$$P(E) = \frac{|E|}{|\Omega|} = \frac{\text{Anzahl der günstigen Fälle}}{\text{Anzahl der möglichen Fälle}}$$

Spezielle Ereignisse

Sicheres Ereignis
Tritt ein bestimmtes Ereignis bei jeder Versuchsdurchführung ein, so spricht man von einem sicheren Ereignis.

$E = \Omega \qquad P(\Omega) = 1$

Unmögliches Ereignis
Tritt ein bestimmtes Ereignis garantiert bei keiner Versuchsdurchführung ein, so spricht man von einem unmöglichen Ereignis.

$E = \emptyset \qquad P(\emptyset) = 0$

Elementarereignis
Ein Ereignis, das genau ein Ergebnis enthält, heißt Elementarereignis. Man bezeichnet es meist mit Kleinbuchstaben.

$E = \{e\}$

Gegenereignis
Das Ereignis, das genau dann eintritt, wenn E nicht eintritt, nennt man Gegenereignis $\overline{E}$.

$E \cup \overline{E} = \Omega \qquad P(\overline{E}) = 1 - P(E)$

Definition

Werden n nacheinander ablaufende Zufallsversuche zu einem einzigen Zufallsversuch zusammengefasst, so spricht man von einem n-stufigen Zufallsversuch.

Ein einzelnes Ergebnis (Elementarereignis) eines n-stufigen Zufallsversuchs ist eine „Kette“, die aus n Ergebnissen der einzelnen Versuche besteht.

Zählprinzip (Produktregel)

Gibt es bei der Besetzung von Positionen in fester Reihenfolge bei jeder Position eine bestimmte Anzahl von Möglichkeiten, so erhält man die Gesamtzahl aller möglichen Besetzungen, indem man diese Anzahlen miteinander multipliziert.

Baumdiagramm und Pfadregeln

Grundbegriff

Bei mehrstufigen Zufallsversuchen kann man alle auftretenden Ergebnisse in Form eines Baumdiagramms darstellen. Dabei kann man für die einzelnen Pfade die jeweiligen Wahrscheinlichkeiten am Rand mit angeben. Jedem Pfad im Baumdiagramm entspricht genau ein Ergebnis. Zu jedem Ereignis gehören diejenigen Pfade, die die zum Ereignis gehörenden Ergebnisse darstellen.

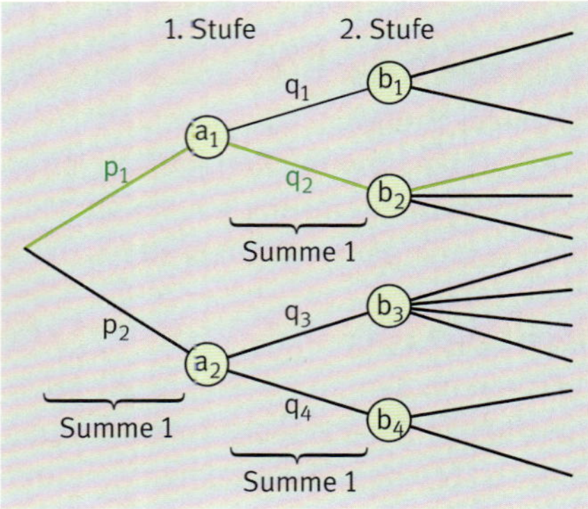

Verzweigungsregel

Die Summe aller Wahrscheinlichkeiten an den Ästen, die vom selben Verzweigungspunkt ausgehen, ist stets 1.

$$p_1 + p_2 = 1$$
$$q_1 + q_2 = q_3 + q_4 = 1$$

Produktregel (1. Pfadregel)

Die Wahrscheinlichkeit P eines Ergebnisses ist das Produkt der Wahrscheinlichkeiten des Pfades.

$$P((a_1, b_2, \ldots)) = p_1 \cdot q_2 \cdot \ldots$$

Summenregel (2. Pfadregel)

Die Wahrscheinlichkeit P eines Ereignisses ist gleich der Summe der Wahrscheinlichkeiten aller Pfade, die für dieses Ereignis günstig sind.

Grundgrößen und abgeleitete Größen

Als **Grundgrößen**, die durch Vereinbarungen festgelegt sind, werden die nachfolgenden physikalischen Größen verwendet:

Bezeichnung (Name)	Symbol	Einheit	
Länge	l, s	[l] = [s] = 1 m	Meter
Zeit	t	[t] = 1 s	Sekunde
Kraft	F	[F] = 1 N	Newton
Masse	m	[m] = 1 kg	Kilogramm
Temperatur	ϑ T	[ϑ] = 1 °C [T] = 1 K	Grad Celsius Kelvin
Elektrische Ladung	Q	[Q] = 1 C	Coulomb

Abgeleitete Größen sind physikalische Größen, die mithilfe von physikalischen Grundgrößen festgelegt sind.

Vielfache und Teile von Größen

Präfix	Tera	Giga	Mega	Kilo	Hekto	Deka
Zeichen	T	G	M	k	h	da
Faktor	10^{12}	10^{9}	10^{6}	10^{3}	10^{2}	10^{1}

Präfix	Dezi	Zenti	Milli	Mikro	Nano	Piko
Zeichen	d	c	m	µ	n	p
Faktor	10^{-1}	10^{-2}	10^{-3}	10^{-6}	10^{-9}	10^{-12}

Reflexionsgesetz

Wird ein Lichtstrahl an einer ebenen Fläche reflektiert, so gilt das Reflexionsgesetz: Einfallender Strahl, Einfallslot und reflektierter Strahl liegen in einer Ebene. Es gilt:

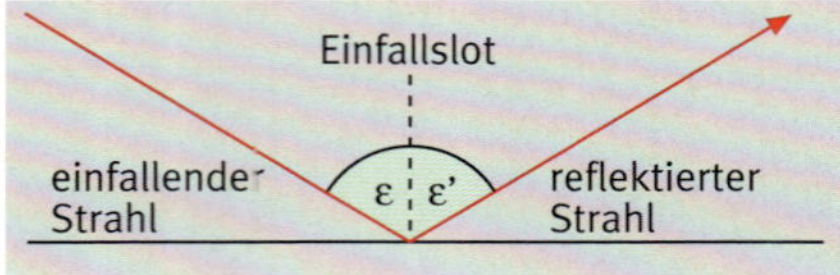

$\varepsilon = \varepsilon'$

ε Einfallswinkel

ε' Reflexionswinkel

Frequenz

f Frequenz $[f] = \frac{1}{s} = 1\,\text{Hz}$

n Anzahl der Schwingungen

$f = \frac{n}{t}$ $[f] = 1\,\text{Hz}$

Schwingungsdauer und Frequenz

T Schwingungsdauer $[T] = 1\,\text{s}$

f Frequenz $[f] = \frac{1}{s} = 1\,\text{Hz}$

$f = \frac{1}{T}$ $[f] = 1\,\text{Hz}$

Lichtgeschwindigkeit

Lichtgeschwindigkeit im Vakuum $c_0 = 2{,}99792458 \cdot 10^8\,\frac{m}{s}$

Brechzahlen

Medienübergang	Brechzahl	Grenzwinkel der Totalreflexion
Luft – Diamant	$2{,}4 = \frac{12}{5}$	24,4°
Luft – Flintglas	$1{,}61 \approx \frac{5}{3}$	38,3°
Luft – Kronglas	$1{,}6 = \frac{8}{5}$	38,4°
Luft – Plexiglas	$1{,}5 = \frac{3}{2}$	42,1°
Luft – Wasser	$1{,}33 \approx \frac{4}{3}$	48,6°

Ortsfaktor

Der Ortsfaktor beschreibt den Zusammenhang zwischen Gewichtskraft und Masse und ist ortsabhängig.

F_G Gewichtskraft $[F_G] = 1\ \text{N} = 1\ \frac{\text{kg} \cdot \text{m}}{\text{s}^2}$
m Masse $[m] = 1\ \text{kg}$
g Ortsfaktor $[g] = 1\ \frac{\text{N}}{\text{kg}} = 1\ \frac{\text{m}}{\text{s}^2}$

$g = \frac{F_G}{m}$ $[g] = 1\ \frac{\text{N}}{\text{kg}}$

Für 45° nördlicher Breite gilt auf der Erde angenähert: $g = 9{,}81\ \frac{\text{m}}{\text{s}^2}$

Dichte

m Masse $[m] = 1\ \text{kg}$
V Volumen $[V] = 1\ \text{dm}^3$
ρ Dichte $[\rho] = 1\ \frac{\text{kg}}{\text{dm}^3} = 1\ \frac{\text{t}}{\text{m}^3} = 1\ \frac{\text{g}}{\text{cm}^3}$

$\rho = \frac{m}{V}$ $[\rho] = 1\ \frac{\text{kg}}{\text{dm}^3}$

Dichte ρ für feste Stoffe in $\frac{\text{kg}}{\text{dm}^3}$ (20 °C)

Aluminium	2,70	Gold	19,29	Porzellan	2,4*
Basalt	3,0*	Granit	2,8*	Sand	1,5*
Blei	11,34	Holz	0,6*	Schaumstoff	0,03*
Bronze	8,8*	Kork	0,24*	Silber	10,5
Chrom	6,9*	Kupfer	8,93	Stahl	7,8*
Diamant	3,51	Marmor	2,7*	Stahlbeton	2,4*
Eisen	7,9*	Messing	8,5*	Uran	19,1
Glas	2,6*	Platin	21,45	Ziegel	1,6*

Dichte ρ für flüssige Stoffe in $\frac{\text{kg}}{\text{dm}^3}$ (20 °C)

Benzin	0,78	Ethanol	0,789	Quecksilber	13,546
Diesel	0,87	Wasser	0,998	Wasser (4 °C)	1,00

Dichte ρ für gasförmige Stoffe in $\frac{\text{kg}}{\text{dm}^3}$ (0 °C, 1013 hPa)

Chlor	0,003214	Helium	0,0001785	Sauerstoff	0,00142895
CO_2	0,0019769	Luft	0,0012923	Stickstoff	0,0012505
Erdgas	0,00060*	Propan	0,0020096	Wasserstoff	0,00008989

Mit * gekennzeichnete Angaben stellen Mittelwerte dar.

Gleitreibung

F_{Rg} Gleitreibungskraft $[F_{Rg}] = 1\ N$
F_N Normalkraft $[F_N] = 1\ N$
μ Gleitreibungskoeffizient
Er hat keine Einheit.

$$\mu = \frac{F_{Rg}}{F_N}$$

Gleitreibungskoeffizient μ für einige Materialkombinationen

Holz – Holz	0,30	Leder – Eisen	0,30
Holz – Stein	0,30	Stahl – Stahl	0,12
Holz – Metall	0,50	Stahl – Eis	0,014

Drehmoment

Die Kraft F wirkt senkrecht zum Kraftarm.

F wirkende Kraft $[F] = 1\ N$
a Länge des Kraftarms $[a] = 1\ m$
M Drehmoment $[M] = 1\ Nm$

$$M = F \cdot a \qquad [M] = 1\ Nm$$

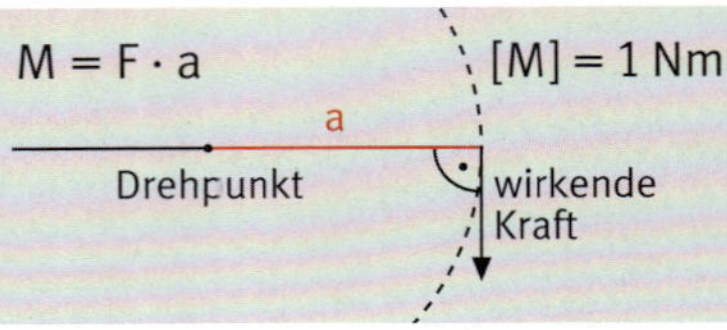

Hebelgesetz

Ist ein Hebel im Gleichgewicht, so gilt:

$$M_1 = M_2$$
$$F_1 \cdot a_1 = F_2 \cdot a_2$$

F wirkende Kräfte $[F] = 1\ N$
a Länge der Kraftarme $[a] = 1\ m$
M Drehmomente $[M] = 1\ Nm$

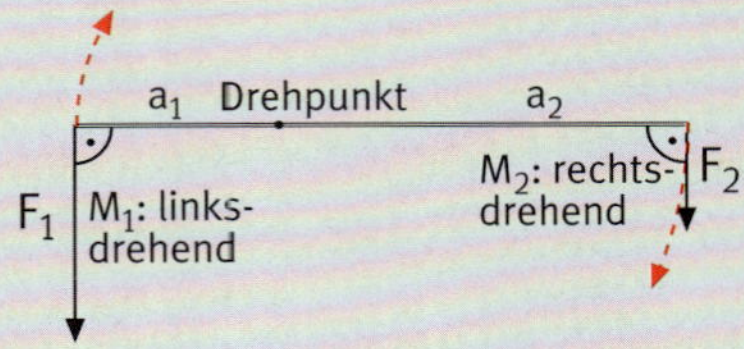

Flaschenzug

Um die Last eine bestimmte Strecke zu bewegen, muss der Zugpunkt die n-fache Strecke zurücklegen.

$$F_H = \frac{F_G}{n} \qquad [F_H] = 1\ \text{N}$$

F_G Gewichtskraft $[F_G] = 1$ N
n Anzahl der tragenden Seile
F_H Haltekraft $[F_H] = 1$ N

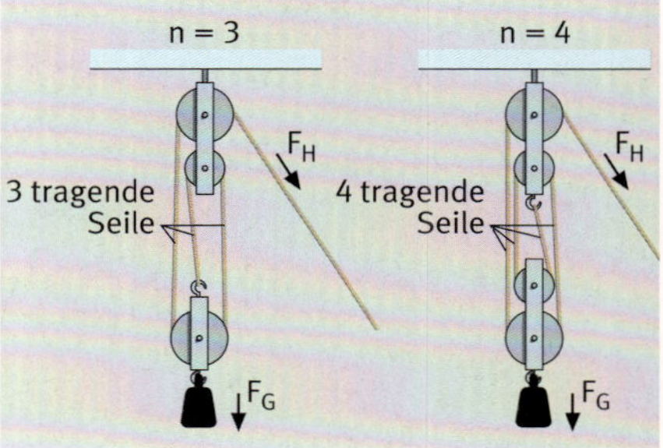

Gleichförmige Bewegung

Bewegt sich ein Körper mit konstanter Geschwindigkeit, so gilt:

$$v = \frac{s}{t} \qquad [v] = 1\ \frac{\text{m}}{\text{s}}$$

s Weg(länge) $[s] = 1$ m
t Zeit(spanne) $[t] = 1$ s
v Geschwindigkeit $[v] = 1\ \frac{\text{m}}{\text{s}}$

Schallgeschwindigkeit

Schallgeschwindigkeit in trockener Luft bei 20 °C

$$v_{Schall} = 344\ \frac{\text{m}}{\text{s}}$$

Mechanische Arbeit

Die Kraft ist immer parallel zum Weg gerichtet und ist längs des Weges betragsmäßig gleich groß.

$$W = F \cdot s \qquad [W] = 1\ \text{J}$$

F Kraft $[F] = 1$ N
s Weg(länge) $[s] = 1$ m
W mechanische Arbeit $[W] = 1$ Nm $= 1$ J (Joule)

Hubarbeit

F_G	Gewichtskraft	$[F_G] = 1\,N$
h	Höhe	$[h] = 1\,m$
W_{Hub}	Hubarbeit	$[W_{Hub}] = 1\,Nm = 1\,J$

$$W_{Hub} = F_G \cdot h \qquad [W_{Hub}] = 1\,J$$

Gleitreibungsarbeit

μ	Gleitreibungskoeffizient	
F_N	Normalkraft	$[F_N] = 1\,N$
s	Weg(länge)	$[s] = 1\,m$
W_R	Gleitreibungsarbeit	$[W_R] = 1\,Nm = 1\,J$

$$W_R = \mu \cdot F_N \cdot s \qquad [W_R] = 1\,J$$

Potentielle Energie

F_G	Gewichtskraft	$[F_G] = 1\,N$
h	Höhe	$[h] = 1\,m$
E_{pot}	potentielle Energie	$[E_{pot}] = 1\,Nm = 1\,J$

$$E_{pot} = F_G \cdot h \qquad [E_{pot}] = 1\,J$$

Leistung

W	Arbeit	$[W] = 1\,J$
t	Zeit(spanne)	$[t] = 1\,s$
P	Leistung	$[P] = 1\,\frac{J}{s} = 1\,W$ (Watt)

$$P = \frac{W}{t} \qquad [P] = 1\,W$$

Wirkungsgrad

W_{Nutz} Nutzenergie $[W_{Nutz}] = 1\,J$

W_{zu} zugeführte Energie $[W_{zu}] = 1\,J$

η Wirkungsgrad

Der Wirkungsgrad hat keine Einheit.

$$\eta = \frac{W_{Nutz}}{W_{zu}}$$

Druck

F_N Normalkraft $[F_N] = 1\,N$

A Fläche $[A] = 1\,m^2$

p Druck $[p] = 1\,\frac{N}{m^2} = 1\,Pa$ (Pascal)

$1 \cdot 10^5\,Pa = 1 \cdot 10^3\,hPa = 1\,bar$ (Bar)

$$p = \frac{F_N}{A} \qquad [p] = 1\,Pa$$

Hydraulisches Prinzip

Bei der Kraftübertragung in abgeschlossenen Flüssigkeiten gilt:

$$\underbrace{\frac{F_1}{A_1} = p_1}_{\text{Kraftkolben}} = \underbrace{p_2 = \frac{F_2}{A_2}}_{\text{Lastkolben}}$$

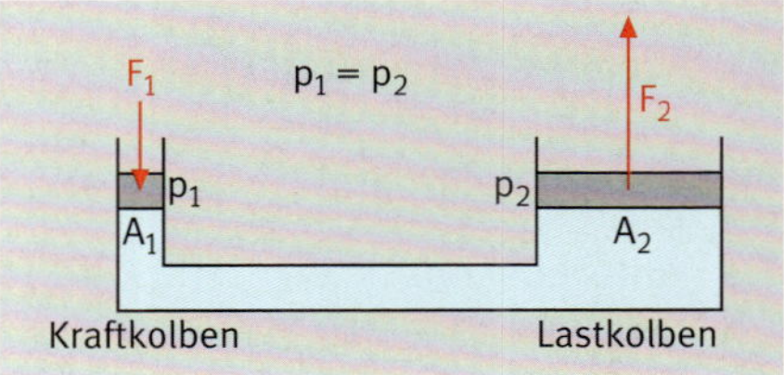

Boyle-Mariotte-Gesetz

Bei konstanter Temperatur gilt für eine abgeschlossene Gasmenge:

$$p_1 \cdot V_1 = p_2 \cdot V_2$$

p_1 Druck vor Zustandsänderung $[p_1] = 1\,Pa$

p_2 Druck nach Zustandsänderung $[p_2] = 1\,Pa$

V_1 Volumen vor Zustandsänderung $[V_1] = 1\,m^3$

V_2 Volumen nach Zustandsänderung $[V_2] = 1\,m^3$

Schweredruck in Flüssigkeiten

Der Schweredruck in Flüssigkeiten ist unabhängig von der Form des Gefäßes.

$$p_S = g \cdot \rho \cdot h \qquad [p_S] = 1\,\text{Pa}$$

g	Ortsfaktor	$[g] = 1\,\frac{\text{N}}{\text{kg}}$
ρ	Dichte der Flüssigkeit	$[\rho] = 1\,\frac{\text{kg}}{\text{dm}^3}$
h	Höhe (zur Oberfläche)	$[h] = 1\,\text{dm}$
p_S	Schweredruck	$[p_S] = 1\,\text{hPa}$

Auftriebskraft in Flüssigkeiten

$$F_A = g \cdot \rho \cdot V_{Fl} \qquad [F_A] = 1\,\text{N}$$

g	Ortsfaktor	$[g] = 1\,\frac{\text{N}}{\text{kg}}$
ρ	Dichte der Flüssigkeit	$[\rho] = 1\,\frac{\text{kg}}{\text{dm}^3}$
V_{Fl}	Volumen der verdrängten Flüssigkeit (des verdrängten Körpers)	$[V_{Fl}] = 1\,\text{m}^3$
F_A	Auftriebskraft	$[F_A] = 1\,\text{N}$

Längenänderung und Längenausdehnungskoeffizient

α	Längenausdehnungskoeffizient	$[\alpha] = \frac{1}{°C}$
$\Delta\vartheta$	Temperaturänderung	$[\Delta\vartheta] = 1°C$
Δl	Längenänderung	$[\Delta l] = 1\,mm$
l_0	Anfangslänge	$[l_0] = 1\,mm$

$$\Delta l = \alpha \cdot l_0 \cdot \Delta\vartheta \qquad [\Delta l] = 1\,mm$$

$$\alpha = \frac{\Delta l}{\Delta\vartheta \cdot l_0} \qquad [\alpha] = \frac{1}{°C}$$

Längenausdehnungskoeffizient α für feste Körper in $10^{-6}\ \frac{1}{°C}$

Aluminium	23,8	Gold	14,3	Polyethylen	200
Asphalt	200*	Grafit	7,9	Polystyrol	70*
Bakelit	30	Granit	6,0*	Porzellan	4,5*
Bernstein	6	Gusseisen	11,8	PVC	170*
Beryllium	2,3	Hartgummi	85*	Quarzglas	0,45
Beton	12,0	Kalk	20	Salz	40
Blei	29,4	Konstantan	5	Sandstein	9,0*
Bronze	17,5	Kronglas	9,5	Schaumstoffe	5,0
Celluloid	125*	Kupfer	16,8	Silber	19,7
Chrom	6,6	Marmor	11*	Silicium	7,6
Diamant	1,3	Messing	16,7	Stahl	12,0*
Eis	0,502	Neusilber	8	Teflon	75*
Eisen	12,1	Nickel	13	Titan	8,35
Erde	2,0*	Papier	30*	Wolfram	4,5
Fett	100*	Phosphor	124	Ziegel	5,0
Flintglas	7,9	Platin	9,1	Zink	26,3
Germanium	6,0	Plexiglas	90*	Zinn	27,0

Mit * gekennzeichnete Angaben stellen Mittelwerte dar.

Volumenänderung und Volumenausdehnungskoeffizient

γ	Volumenausdehnungskoeffizient	$[\gamma] = \frac{1}{°C}$
$\Delta\vartheta$	Temperaturänderung	$[\Delta\vartheta] = 1\,°C$
ΔV	Volumenänderung	$[\Delta V] = 1\,mm^3$
V_0	Anfangsvolumen	$[V_0] = 1\,mm^3$

$$\Delta V = \gamma \cdot V_0 \cdot \Delta\vartheta \qquad [\Delta V] = 1\,mm^3$$

$$\gamma = \frac{\Delta V}{\Delta\vartheta \cdot V_0} \qquad [\gamma] = \frac{1}{°C}$$

Volumenausdehnungskoeffizient für feste Körper

α	Längenausdehnungskoeffizient	$[\alpha] = \frac{1}{°C}$
γ	Volumenausdehnungskoeffizient	$[\gamma] = \frac{1}{°C}$

$$\gamma = 3 \cdot \alpha \qquad [\gamma] = \frac{1}{°C}$$

Volumenausdehnungskoeffizient für Flüssigkeiten

Volumenausdehnungskoeffizient γ für Flüssigkeiten in $10^{-5}\,\frac{1}{°C}$ bei 20 °C

Benzin	106	Olivenöl	72	Schwefelkohlenstoff	118
Glycerin	47	Pentan	161	Siliconöl	120*
Methanol	120	Petroleum	96	Terpentinöl	97
Methylenchlorid	137	Pyridin	112	Toluol	111
Nitrobenzol	83	Quecksilber	18,2	Wasser	20,7
Oktan	114	Salpetersäure	124	Xylol	98

Mit * gekennzeichnete Angaben stellen Mittelwerte dar.

Volumenausdehnungskoeffizient für Gase

Der Volumenausdehnungskoeffizient ist bei isobarer Zustandsänderung für alle Gase gleich.

$$\gamma = \frac{1}{273\,°C}$$

Zustandsgleichung idealer Gase

Für eine abgeschlossene Menge eines idealen Gases und seine Zustandsgrößen Druck, Volumen und Temperatur gilt die allgemeine Gasgleichung.

$$\frac{V_1 \cdot p_1}{T_1} = \frac{V_2 \cdot p_2}{T_2} \text{ bzw. } \frac{p \cdot V}{T} = \text{konstant}$$

p_1	Druck vor Zustandsänderung	$[p_1] = 1\ \text{Pa}$
p_2	Druck nach Zustandsänderung	$[p_2] = 1\ \text{Pa}$
V_1	Volumen vor Zustandsänderung	$[V_1] = 1\ \text{m}^3$
V_2	Volumen nach Zustandsänderung	$[V_2] = 1\ \text{m}^3$
T_1	Temperatur vor Zustandsänderung	$[T_1] = 1\ \text{K}$
T_2	Temperatur nach Zustandsänderung	$[T_2] = 1\ \text{K}$

Erwärmungsgesetz und spezifische Wärmekapazität

W_{th}	thermische Energie	$[W_{th}] = 1\ \text{kJ}$
m	Masse	$[m] = 1\ \text{kg}$
$\Delta\vartheta$	Temperaturänderung	$[\Delta\vartheta] = 1\,°\text{C}$
c	spezifische Wärmekapazität	$[c] = 1\ \frac{\text{kJ}}{\text{kg} \cdot °\text{C}}$

$$W_{th} = c \cdot m \cdot \Delta\vartheta \qquad [W_{th}] = 1\ \text{kJ}$$

$$c = \frac{W_{th}}{m \cdot \Delta\vartheta} \qquad [c] = 1\ \frac{\text{kJ}}{\text{kg} \cdot °\text{C}}$$

Spezifische Wärmekapazität c für feste Körper in $\frac{\text{kJ}}{\text{kg} \cdot °\text{C}}$

Aluminium	0,896	Fichte	1,9*	Platin	0,133
Asphalt	0,92	Glas	0,86*	Porzellan	0,84*
Beton	0,84	Gold	0,129	Silber	0,235
Blei	0,129	Kunststoff	1,6*	Silicium	0,703
Eiche	2,5*	Kupfer	0,382	Stahl	0,47*
Eis (0 °C)	2,1	Messing	0,384	Ziegel	0,85*
Eisen	0,452	Naphthalin	1,3	Zink	0,387
Erde	0,88	Nickel	0,448	Zinn	0,226

Mit * gekennzeichnete Angaben stellen Mittelwerte dar.

Spezifische Wärmekapazität c für Flüssigkeiten in $\frac{\text{kJ}}{\text{kg} \cdot {}^\circ\text{C}}$ bei 20 °C

Benzol	1,725	Glycerin	2,39	Quecksilber	0,139
Ether	2,34	Olivenöl	1,97	Schwefelsäure	1,38
Ethylalkohol	2,43	Petroleum	2,14	Wasser	4,182

Spezifische Wärmekapazität c für Gase in $\frac{\text{kJ}}{\text{kg} \cdot {}^\circ\text{C}}$ bei konstantem Druck

Ammoniak	2,16	CO_2	0,837	Stickstoff	1,038
Chlor	0,745	Luft	1,005	Wasserstoff	14,32
Helium	5,23	Sauerstoff	0,917	Wasserdampf	1,89

Energieaustausch

$W_{th,ab}$ abgegebene Wärme $[W_{th,ab}] = 1\ \text{J}$

$W_{th,auf}$ aufgenommene Wärme $[W_{th,auf}] = 1\ \text{J}$

$$W_{th,ab} + W_{th,auf} = 0$$

Verdampfungsenergie (vgl. S. 99 f.)

W_V für die Verdampfung notwendige Energie $[W_V] = 1\ \text{kJ}$

m Masse $[m] = 1\ \text{kg}$

w_V spezifische Verdampfungsenergie $[w_V] = 1\ \frac{\text{kJ}}{\text{kg}}$

$$w_V = \frac{W_V}{m} \qquad [w_V] = 1\ \frac{\text{kJ}}{\text{kg}}$$

Volumenarbeit

p	Druck	$[p]$	$= 1\,\text{Pa}$
ΔV	Volumenzunahme	$[\Delta V]$	$= 1\,\text{m}^3$
W_{Vol}	Ausdehnungsarbeit	$[W_{Vol}]$	$= 1\,\text{J}$

$$W_{Vol} = p \cdot \Delta V \qquad [W_{Vol}] = 1\,\text{J}$$

1. Hauptsatz der Wärmelehre

W_{Vol}	Ausdehnungsarbeit	$[W_{Vol}]$	$= 1\,\text{J}$
ΔE_i	Zunahme der inneren Energie	$[\Delta E_i]$	$= 1\,\text{J}$
W_{th}	thermisch zugeführte Energie	$[W_{th}]$	$= 1\,\text{J}$

$$W_{th} = W_{Vol} + \Delta E_i \qquad [W_{th}] = 1\,\text{J}$$

Stromstärke

Elementarladung

Q	Ladungsmenge	$[Q] = 1\ C$ $= 1\ A \cdot s$	$e = 1{,}602177 \cdot 10^{-19}\ C$
t	Zeit	$[t] = 1\ s$	$I = \frac{Q}{t}$ $[I] = 1\ A$
I	Stromstärke	$[I] = 1 \frac{C}{s}$ $= 1\ A$ (Ampère)	

Elektrische Spannung

W	Arbeit	$[W] = 1\ J$	
Q	Ladung	$[Q] = 1\ C$	$U = \frac{W}{Q}$ $[U] = 1\ V$
U	Spannung	$[U] = 1 \frac{J}{C}$ $= 1\ V$ (Volt)	

Elektrische Arbeit

W_{el}	elektrische Arbeit	$[W] = 1\ J$	$W_{el} = U \cdot I \cdot t$ $[W_{el}] = 1\ J$

Elektrische Leistung

P_{el}	Leistung	$[P_{el}] = 1\ V \cdot A$ $= 1\ W$ (Watt)	$P_{el} = U \cdot I$ $[P_{el}] = 1\ W$

Elektrischer Widerstand

U	Spannung	$[U] = 1\ V$	
I	Stromstärke	$[I] = 1\ A$	$R = \frac{U}{I}$ $[R] = 1\ \Omega$
R	Widerstand	$[R] = 1 \frac{V}{A}$ $= 1\ \Omega$ (Ohm)	

Elektrischer Leitwert

Der elektrische Leitwert ist der Quotient aus Stromstärke und Spannung.

$$G = \frac{I}{U} \qquad [G] = 1\,\text{S}$$

I	Stromstärke	$[I] = 1\,\text{A}$
U	Spannung	$[U] = 1\,\text{V}$
G	Leitwert	$[G] = 1\,\frac{\text{A}}{\text{V}} = 1\,\text{S}$ (Siemens)

Ohm'sches Gesetz

Bei Leitern, deren Temperatur sich nicht ändert (und bei Konstantan), gilt das Ohm'sche Gesetz.

$$I \sim U \Rightarrow \frac{U}{I} = \text{konstant}$$

U	Spannung	$[U] = 1\,\text{V}$
I	Stromstärke	$[I] = 1\,\text{A}$

Widerstandsgesetz und spezifischer Widerstand

ρ	spezifischer Widerstand	$[\rho] = 1\,\frac{\Omega \cdot \text{mm}^2}{\text{m}}$
l	Leiterlänge	$[l] = 1\,\text{m}$
A	Querschnittsfläche	$[A] = 1\,\text{mm}^2$
R	Widerstand	$[R] = 1\,\Omega$

$$R = \rho \cdot \frac{l}{A} \qquad [R] = 1\,\Omega$$

$$\rho = \frac{R \cdot A}{l} \qquad [\rho] = 1\,\frac{\Omega \cdot \text{mm}^2}{\text{m}}$$

Spezifischer Widerstand ρ für feste Körper in $\frac{\Omega \cdot \text{mm}^2}{\text{m}}$

Aluminium	0,027	Konstantan	0,50	Silber	0,016
Blei	0,208	Kupfer	0,0172	Silicium	$1{,}2 \cdot 10^7$
Eisen	0,10	Messing	0,08	Wolfram	0,055
Gold	0,022	Platin	0,107	Zink	0,061
Grafit	8,00	Quecksilber	0,96	Zinn	0,11

Unverzweigter Stromkreis – Reihenschaltung

U	Spannung	$[U] = 1\,V$
I	Stromstärke	$[I] = 1\,A$
R	Widerstand	$[R] = 1\,\frac{V}{A} = 1\,\Omega$
G	Leitwert	$[G] = 1\,\frac{A}{V} = 1\,S$
n	Anzahl der Energiewandler	

$$U_G = U_1 + U_2 + \ldots + U_n$$

$$I_G = I_1 = I_2 = \ldots = I_n$$

$$R_G = R_1 + R_2 + \ldots + R_n$$

$$\frac{1}{G_g} = \frac{1}{G_1} + \frac{1}{G_2} + \ldots + \frac{1}{G_n}$$

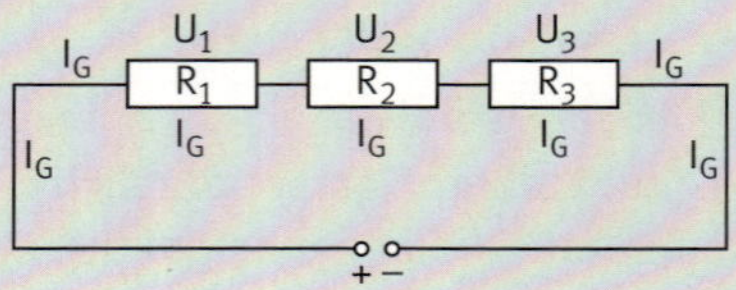

Verzweigter Stromkreis – Parallelschaltung

U	Spannung	$[U] = 1\,V$
I	Stromstärke	$[I] = 1\,A$
R	Widerstand	$[R] = 1\,\frac{V}{A} = 1\,\Omega$
G	Leitwert	$[G] = 1\,\frac{A}{V} = 1\,S$
n	Anzahl der Energiewandler	

$$U_G = U_1 = U_2 = \ldots = U_n$$

$$I_G = I_1 + I_2 + \ldots + I_n$$

$$\frac{1}{R_G} = \frac{1}{R_1} + \frac{1}{R_2} + \ldots + \frac{1}{R_n}$$

$$G_G = G_1 + G_2 + \ldots + G_n$$

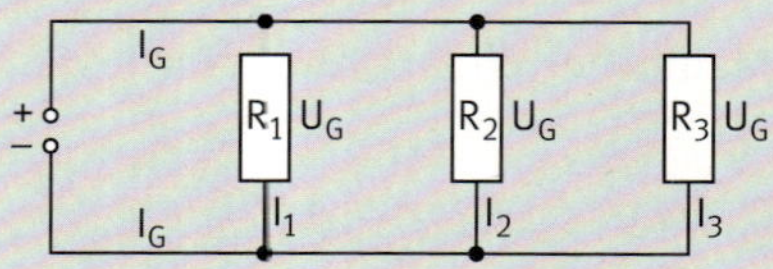

Messbereichserweiterung bei Strommessgeräten

R_M Widerstand des Strommessgeräts
I_M maximal zulässige Stromstärke im Strommessgerät
R_N Nebenwiderstand
I_N Stärke des Stroms, der am Strommessgerät vorbeigeleitet wird

$$R_N \cdot I_N = R_M \cdot I_M$$

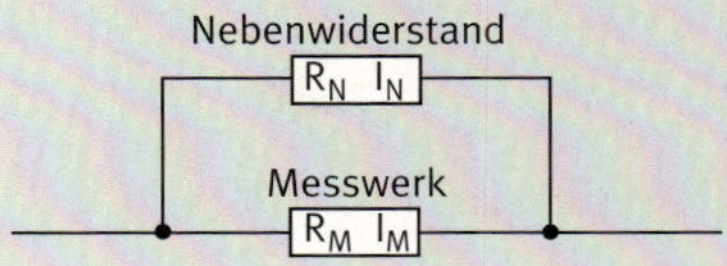

Messbereichserweiterung bei Spannungsmessgeräten

R_M Widerstand des Spannungsmessgeräts
U_M maximal zulässige Spannung am Spannungsmessgerät
R_V Vorwiderstand
U_V am Vorwiderstand abfallende Spannung

$$\frac{U_V}{R_V} = \frac{U_M}{R_M}$$

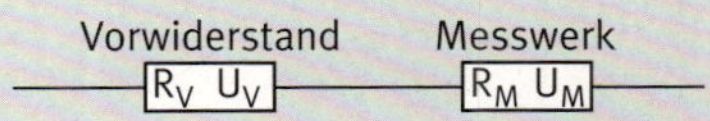

Teilspannungen bei einer Elektrizitätsquelle

U_a Klemmenspannung bei belasteter Elektrizitätsquelle; am Außenwiderstand abfallende Spannung
R_i Innenwiderstand der Elektrizitätsquelle
I Stromstärke
U_0 Klemmenspannung bei unbelasteter Elektrizitätsquelle; Leerlaufspannung

$$U_a = U_0 - R_i \cdot I$$

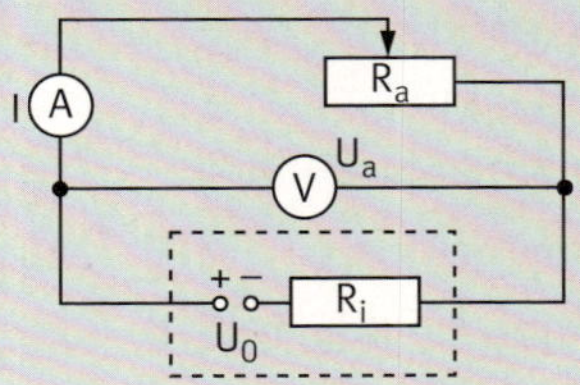

Zerfallsgesetz

N_0	Anzahl der zur Zeit $t = 0$ vorhandenen Kerne		
T	Halbwertszeit	$[T] = 1\,\text{s}$	
N(t)	Anzahl der zur Zeit t noch nicht zerfallenen Kerne		
t	Zerfallszeit	$[t] = 1\,\text{s}$	

$$N(t) = N_0 \cdot \left(\frac{1}{2}\right)^{\frac{t}{T}}$$

Aktivität

n	Anzahl der Zerfälle	
t	Zeit(spanne)	$[t] = 1\,\text{s}$
A	Aktivität	$[A] = 1\,\frac{1}{\text{s}} = 1\,\text{Bq}$ (Bequerel)

$$A = \frac{n}{t} \qquad [A] = 1\,\text{Bq}$$

Energiedosis

E	aufgenommene Energie	$[E] = 1\,\text{J}$
m	Masse	$[m] = 1\,\text{kg}$
D	Energiedosis	$[D] = 1\,\frac{\text{J}}{\text{kg}} = 1\,\text{Gy}$ (Gray)

$$D = \frac{E}{m} \qquad [D] = 1\,\text{Gy}$$

Äquivalentdosis

q	Qualitätsfaktor q hat keine Einheit.	
D	Energiedosis	$[D] = 1\,\frac{\text{J}}{\text{kg}}$
H	Äquivalentdosis	$[H] = 1\,\frac{\text{J}}{\text{kg}} = \text{Sv}$ (Sievert)

$$H = q \cdot D \qquad [H] = 1\,\text{Sv}$$

Aggregatzustandsänderungen

Festkörper

Stoff	Schmelztemperatur in °C	Spezifische Schmelzenergie in $\frac{kJ}{kg}$	Siedetemperatur in °C	Spezifische Verdampfungsenergie w_V in $\frac{kJ}{kg}$
Aluminium	660	397	2450	10900
Blei	327	23,0	1750	8600
Caesium	28,6	16,4	685	496
Eisen	1535	277	2735	6339
Germanium	959	410	2830	4600
Gold	1064	65,7	2700	1650
Kupfer	1083	205	2590	4790
Naphthalein	80,3	148	218	314
Platin	1769	111	4300	2290
Silber	961	105	2180	2350
Silicium	1420	164	2355	14050
Titan	1725	324	3300	8980
Uran	1132	82,8	4134	1730
Wolfram	3380	192	5500	4350
Zinn	232	59,6	2690	2450

Flüssigkeiten

Stoff	Schmelztemperatur in °C	Spezifische Schmelzenergie in $\frac{kJ}{kg}$	Siedetemperatur in °C	Spezifische Verdampfungsenergie w_V in $\frac{kJ}{kg}$
Aceton	−95,0	98	56,3	525
Benzol	5,5	128	80,1	394
Ethanol	−114	108	78,3	840
Glycerin	18,4	201	291	825
Quecksilber	−38,9	11,8	356,6	285
Wasser	0,0	334	100	2257

Gase (bei 1013 hPa)

Stoff	Schmelztemperatur in °C	Spezifische Schmelzenergie in $\frac{kJ}{kg}$	Siedetemperatur in °C	Spezifische Verdampfungsenergie w_V in $\frac{kJ}{kg}$
Ammoniak	−77,7	339	−33,4	1370
Chloroform	−63,5	75	61,3	279
Helium	−272	4,2	−269	20,6
CO_2	−56,6	184	−78,5	574
Luft	−213	–	−193	197
Sauerstoff	−219	13,8	−183	213
Stickstoff	−210	25,8	−195,8	201
Wasserstoff	−259	58,6	−252,8	461

Heizwerte

Heizwerte in $\frac{MJ}{kg}$

Benzin	42*	Esbit	18	Propan	93
Braunkohle	16*	Heizöl	41*	*Spiritus	30
Brikett	20*	Holz	17*	Stadtgas	20*
Dieselöl	41*	Koks	30	Steinkohle	30
Erdgas	42*	Petroleum	41*	Torf	14*

Mit * gekennzeichnete Angaben stellen Mittelwerte dar.

Schaltzeichen

Elektrizitätsquellen		Elektrische Leiter		Schalter	
Batterie	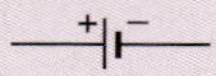	Leiter		Schalter (offen)	
Gleichspannung	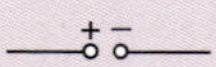	Verzweigung		Schalter (geschlossen)	
Wechselspannung		Erdung	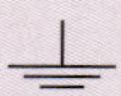	Wechselschalter	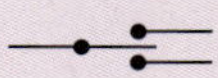
Solarzelle	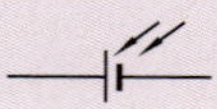			Sicherung	

Elektrische Verbraucher		Lampen und Röhren		Messgeräte	
Klingel		Glühlampe		allgemeines Messgerät	
Lautsprecher	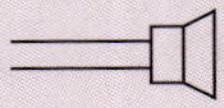	Glimmlampe		Strommesser	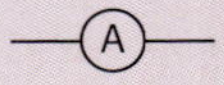
Motor				Spannungsmesser	

Widerstände	
unveränderbarer Widerstand	
veränderbarer Widerstand mit Schleifkontakt	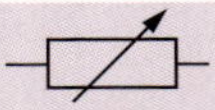 oder 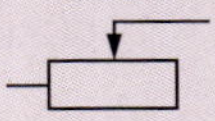
Potentiometer	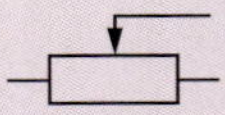
Kaltleiter (PTC-Widerstand)	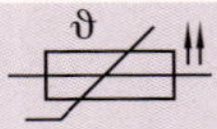
Heißleiter (NTC-Widerstand)	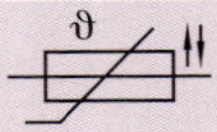
Fotowiderstand (LDR)	

Elektromagnetische Elemente	
Spule	
Spule mit Weicheisenkern	
Transformator	

Halbleiter-Elemente	
Diode	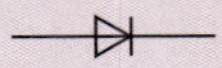
Leuchtdiode	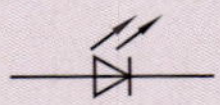
Fotodiode	

Halbwertszeiten

Ordnungszahl	Element	Nuklid	Halbwertszeit	Zerfall
55	Caesium	Cs-137	30,17 a	β
27	Cobalt	Co-60	5,272 a	β (γ)
31	Gallium	Ga-67	3,3 d	α (γ)
53	Jod	J-123	13,2 h	β (γ)
53	Jod	J-131	8,02 d	β (γ)
19	Kalium	K-40	$1{,}28 \cdot 10^{9}$ a	β (γ)
6	Kohlenstoff	C-14	5 730 a	β
36	Krypton	Kr-85	10,76 a	β (γ)
15	Phosphor	P-32	14,26 d	β
84	Polonium	Po-210	138,38 d	α (γ)
88	Radium	Ra-226	1 600 a	α (γ)
86	Radon	Rn-220	55,6 s	α (γ)
16	Schwefel	S-35	87,5 d	β
38	Strontium	Sr-89	50,5 d	β
52	Tellur	Te-128	$1{,}5 \cdot 10^{24}$ a	β
81	Thallium	Tl-204	3,78 a	β
90	Thorium	Th-232	$1{,}405 \cdot 10^{10}$ a	α
92	Uran	U-235	$7{,}038 \cdot 10^{8}$ a	α (γ)
92	Uran	U-238	$4{,}468 \cdot 10^{9}$ a	α (γ)
1	Wasserstoff	H-3	12,323 a	β

Qualitätsfaktor

q = 1	2 ≦ q ≦ 5	q = 10	q = 20
Röntgenstrahlung; β-Strahlung; γ-Strahlung	langsame Neutronen	schnelle Neutronen; Protonen	α-Strahlung

1 Zerfallsreihen von Radionukliden

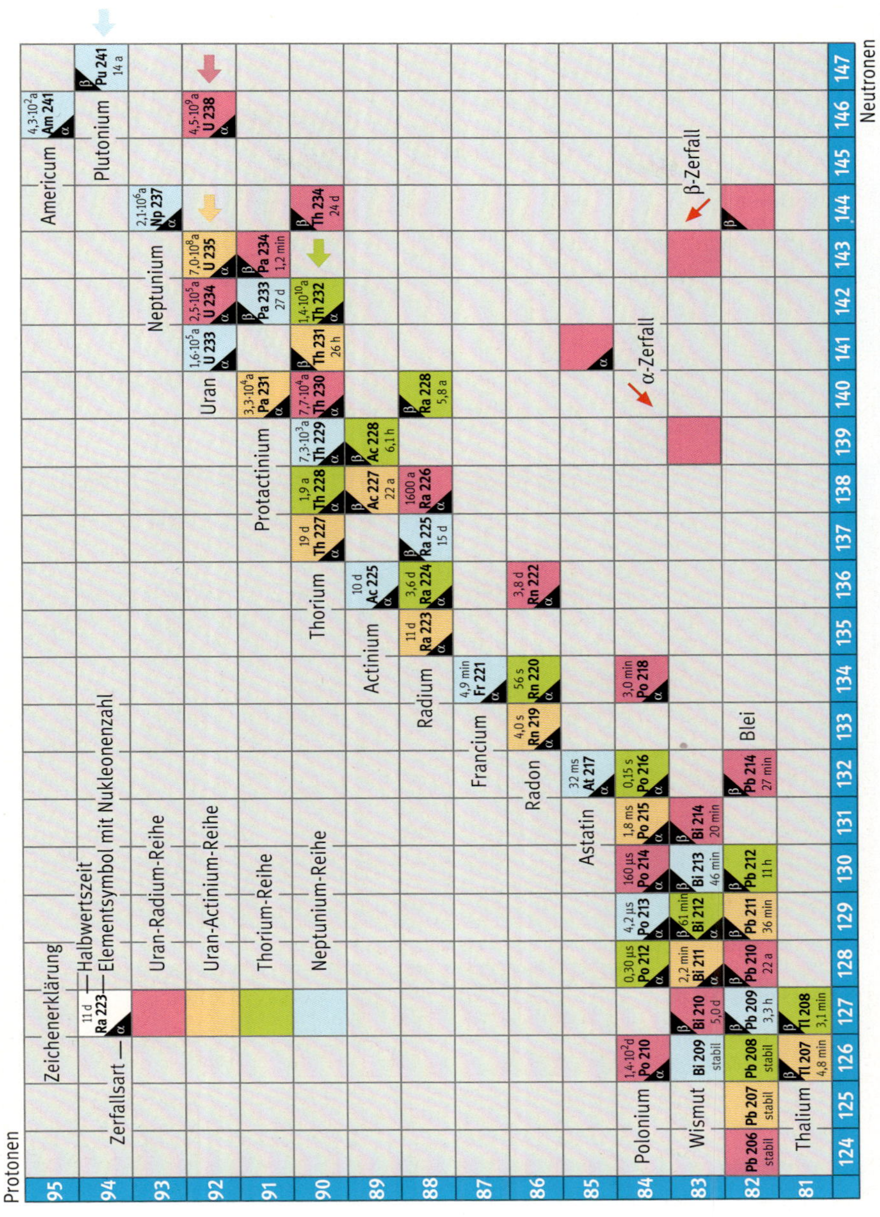

Atommasse in u (Nukleonenzahl des langlebigsten Isotops): 55,8
Elementsymbol fest, flüssig, gasförmig: **Fe**
Ordnungszahl (Protonenzahl): 26
Elektronegativität nach PAULING: 1,8

Periode Schale	Haupt-		Nebengruppen						
	I	II	III	IV	V	VI	VII	VI	
1 K	1,0 **H** Wasserstoff 1 2,1								
2 L	6,9 **Li** Lithium 3 0,9	9,0 **Be** Beryllium 4 1,5							
3 M	23,0 **Na** Natrium 11 0,9	24,3 **Mg** Magnesium 12 1,2							
4 N	39,1 **K** Kalium 19 0,8	40,1 **Ca** Calcium 20 1,0	45,0 **Sc** Scandium 21 1,3	47,9 **Ti** Titan 22 1,5	50,9 **V** Vanadium 23 1,6	52,0 **Cr** Chrom 24 1,6	54,9 **Mn** Mangan 25 1,5	55,8 **Fe** Eisen 26 1,8	58,9 **Cc** Coba 27
5 O	85,5 **Rb** Rubidium 37 0,8	87,6 **Sr** Strontium 38 1,0	88,9 **Y** Yttrium 39 1,3	91,2 **Zr** Zirconium 40 1,4	92,9 **Nb** Niob 41 1,6	95,9 **Mo** Molybdän 42 1,8	(97) **Tc** Technetium 43 1,9	101,1 **Ru** Ruthenium 44 2,2	102,9 **R** Rhodi 45
6 P	132,9 **Cs** Caesium 55 0,7	137,3 **Ba** Barium 56 0,9	175,0 **Lu** Lutetium 71 1,2	178,5 **Hf** Hafnium 72 1,3	180,9 **Ta** Tantal 73 1,5	183,9 **W** Wolfram 74 1,6	186,2 **Re** Rhenium 75 1,9	190,2 **Os** Osmium 76 2,2	192,9 **Ir** Iridiu 77
7 Q	(223) **Fr** Francium 87 0,7	226,0 **Ra** Radium 88 0,9	(260) **Lr** Lawrencium 103 –	**Rf*** Rutherfordium 104 –	**Db*** Dubnium 105 –	**Sg*** Seaborgium 106 –	**Bh*** Nielsbohrium 107 –	**Hs*** Hassium 108 –	**Mt** Meitner 109

Metalle sind grün, Halbmetalle orange und Nichtmetalle gelb unterlegt.

Lanthanoide							
	138,9 **La** Lanthan 57 1,1	140,1 **Ce** Cer 58 1,1	140,9 **Pr** Praseodym 59 1,1	144,2 **Nd** Neodym 60 1,2	(145) **Pm** Promethium 61 –	150,4 **Sm** Samarium 62 1,2	152,0 **E** Europi 63

Actinoide							
	227,0 **Ac** Actinium 89 1,1	232,0 **Th** Thorium 90 1,3	231,0 **Pa** Protactinium 91 1,5	238,0 **U** Uran 92 1,2	237,0 **Np** Neptunium 93 1,3	(244) **Pu** Plutonium 94 1,3	(243) **Am** American 95

-gruppen

	I	II	III	IV	V	VI	VII	VIII
								4,0 **He** Helium 2 –
			10,8 **B** Bor 5 2,0	12,0 **C** Kohlenstoff 6 2,5	14 **N** Stickstoff 7 3,0	16,0 **O** Sauerstoff 8 3,5	19,0 **F** Fluor 9 4,0	20,2 **Ne** Neon 10 –
			27,0 **Al** Aluminium 13 1,5	28,1 **Si** Silicium 14 1,8	31,0 **P** Phosphor 15 2,1	32,1 **S** Schwefel 16 2,5	35,5 **Cl** Chlor 17 3,0	39,9 **Ar** Argon 18 –
8,7 **Ni** Nickel 8 1,8	63,5 **Cu** Kupfer 29 1,9	65,4 **Zn** Zink 30 1,6	69,7 **Ga** Gallium 31 1,6	72,6 **Ge** Germanium 32 1,8	74,9 **As** Arsen 33 2,0	79,0 **Se** Selen 34 2,4	79,9 **Br** Brom 35 2,8	83,8 **Kr** Krypton 36 –
06,4 **Pd** Palladium 6 2,2	107,9 **Ag** Silber 47 1,9	112,4 **Cd** Cadmium 48 1,7	114,8 **In** Indium 49 1,7	118,7 **Sn** Zinn 50 1,8	121,8 **Sb** Antimon 51 1,8	127,6 **Te** Tellur 52 1,9	126,9 **I** Iod 53 2,5	131,3 **Xe** Xenon 54 –
95,1 **Pt** Platin 8 2,2	197,0 **Au** Gold 79 2,4	200,6 **Hg** Quecksilber 80 1,9	204,4 **Tl** Thallium 81 1,8	207,2 **Pb** Blei 82 1,8	209,0 **Bi** Bismut 83 1,9	(209) **Po** Polonium 84 2,0	(210) **At** Astat 85 2,2	(222) **Rn** Radon 86 –
Ds* rmstadtium 10 –	**Rg*** Röntgenium 111 –							

57,3 **Gd** adolinium 4 1,1	158,9 **Tb** Terbium 65 1,2	162,5 **Dy** Dysprosium 66 1,2	164,9 **Ho** Hoimium 67 1,2	167,3 **Er** Erbium 68 1,2	168,9 **Tm** Thulium 69 1,2	173 **Yb** Ytterbium 70 1,1
247) **Cm** Curium 6 1,3	(247) **Bk** Berkelium 97 1,3	(251) **Cf** Californium 98 –	(254) **Es** Einsteinium 99 –	(257) **Fm** Fermium 100 –	(258) **Md** Mendelevium 101 –	(259) **No** Nobelium 102 –

* Bei diesen künstlichen, kurzlebigen Elementen ist die Angabe der Atommasse noch nicht möglich.
Auch die Namen dieser Elemente sind teilweise noch nicht allgemein anerkannt.

Elementname	Symbol, Ordnungszahl	Dichte[1] in $\frac{g}{cm^3}$ (Gase: $\frac{g}{l}$)	Schmelztemperatur in °C	Siedetemperatur in °C
Actinium	Ac, 89	10,1	1050	3200
Aluminium	Al, 13	2,70	660	2467
Antimon	Sb, 51	6,68	630	1750
Argon	Ar, 18	1,66	−189	−186
Arsen	As, 33	5,72	613 s	817 p
Astat	At, 85	–	302	337
Barium	Ba, 56	3,51	725	1640
Beryllium	Be, 4	1,85	1278	2970
Bismut	Bi, 83	9,8	271	1560
Blei	Pb, 82	11,4	327	1740
Bor	B, 5	2,34	2300	2550 s
Brom	Br, 35	3,12	−7	59
Cadmium	Cd, 48	8,65	321	765
Caesium	Cs, 55	1,88	28	669
Calcium	Ca, 20	1,54	839	1484
Cer	Ce, 58	6,65	799	3426
Chlor	Cl, 17	2,95	−101	−35
Chrom	Cr, 24	7,20	1857	2672
Cobalt	Co, 27	8,9	1495	2870
Eisen	Fe, 26	7,86	1535	2750
Fluor	F, 9	1,58	−219	−188
Francium	Fr, 87	–	27	677
Gallium	Ga, 31	5,90	30	2403
Germanium	Ge, 32	5,35	937	2830
Gold	Au, 79	18,9	1064	3080
Hafnium	Hf, 72	13,3	2227	4602
Helium	He, 2	0,17	−272 p	−269
Indium	In, 49	7,30	156	2080
Iod	I, 53	4,93	113	184
Iridium	Ir, 77	22,41	2410	4130
Kalium	K, 19	0,86	63	760
Kohlenstoff	C, 6	2,25[2]	3650 s[2]	4827
Krypton	Kr, 36	3,48	−157	−152

Elementname	Symbol, Ordnungszahl	Dichte[1] in $\frac{g}{cm^3}$ (Gase: $\frac{g}{l}$)	Schmelztemperatur in °C	Siedetemperatur in °C
Kupfer	Cu, 29	8,92	1 083	2 567
Lanthan	La, 57	6,17	921	3 457
Lithium	Li, 3	0,53	180	1 342
Magnesium	Mg, 12	1,74	649	1 107
Mangan	Mn, 25	7,20	1 244	1 962
Molybdän	Mo, 42	10,2	2 610	5 560
Natrium	Na, 11	0,97	98	883
Neon	Ne, 10	0,84	−249	−246
Nickel	Ni, 28	8,90	1 455	2 730
Niob	Nb, 41	8,57	2 468	4 742
Osmium	Os, 76	22,5	2 700	5 300
Palladium	Pd, 46	12,0	1 554	2 970
Phosphor	P, 15	1,82[3]	44[3]	280
Platin	Pt, 78	21,4	1 772	3 827
Polonium	Po, 84	9,4	254	962
Praseodym	Pr, 59	6,77	931	3 512
Protactinium	Pa, 91	15,4	–	–
Quecksilber	Hg, 80	13,6	−39	356
Radium	Ra, 88	5	700	1 140
Radon	Rn, 86	9,23	−71	−62
Rhenium	Re, 75	20,5	3 180	5 627
Rhodium	Rh, 45	12,4	1 966	3 727
Rubidium	Rb, 37	1,53	39	686
Ruthenium	Ru, 44	12,3	2 310	3 900
Sauerstoff	O, 8	1,33	−219	−183
Scandium	Sc, 21	3,0	1 541	2 831
Schwefel	S, 16	2,07	119	445
Selen	Se, 34	4,81	217	685
Silber	Ag, 47	10,5	962	2 212
Silicium	Si, 14	2,32	1 410	2 355
Stickstoff	N, 7	1,17	−210	−196
Strontium	Sr, 38	2,60	769	1 384
Tantal	Ta, 73	16,6	2 996	5 425

Elementname	Symbol, Ordnungszahl	Dichte[1] in $\frac{g}{cm^3}$ (Gase: $\frac{g}{l}$)	Schmelztemperatur in °C	Siedetemperatur in °C
Technetium	Tc, 43	11,5	2172	4877
Tellur	Te, 52	6,00	449	990
Thallium	Tl, 81	11,8	303	1457
Thorium	Th, 90	11,7	1750	4790
Titan	Ti, 22	4,51	1660	3287
Uran	U, 92	19,0	1132	3818
Vanadium	V, 23	5,96	1890	3380
Wasserstoff	H, 1	0,083	−259	−253
Wolfram	W, 74	19,3	3410	5660
Xenon	Xe, 54	5,49	−112	−107
Yttrium	Y, 39	4,47	1522	3338
Zink	Zn, 30	7,14	419	907
Zinn	Sn, 50	7,30	232	2270
Zirconium	Zr, 40	6,49	1852	4377

[1] Dichteangaben für 20 °C und 1013 hPa

[2] Angaben gelten für Grafit.
Diamant: Schmelztemperatur 3550 °C
Dichte 3,51 $\frac{g}{cm^3}$

[3] Angaben gelten für weißen Phosphor.
Roter Phosphor: Schmelztemperatur 590 °C p
Dichte 2,34 $\frac{g}{cm^3}$

s = sublimiert
p = unter Druck
– = Werte nicht bekannt

Mathematik: Algebra – Geometrie – Trigonometrie

Mathematik: Stochastik

Physik – Chemie